装配式建造技术前沿丛书

城市轨道交通
车站装配式建造关键技术

黄　刚　郭建涛　路林海　李　珂　郭小红　编著

中国建筑工业出版社

图书在版编目（CIP）数据

城市轨道交通车站装配式建造关键技术 / 黄刚等编
著. -- 北京 : 中国建筑工业出版社, 2024.8. -- (装
配式建造技术前沿丛书). -- ISBN 978-7-112-30366-3

Ⅰ. U291.1

中国国家版本馆 CIP 数据核字第 2024HB5835 号

本书结合山东省重大专项课题的研究，通过查阅大量房屋建筑类装配式建造的资料，结合轨道交通车站装配式的特点，对城市轨道交通车站装配式建造关键技术从建厂、生产、施工、质量验收等几个方面进行了阐述，对推动轨道交通的装配式建造具有借鉴和指导意义。本书介绍城市轨道交通车站装配式建造的关键技术。主要内容包括：概述；城市轨道交通车站装配式建厂关键技术；城市轨道交通车站装配式构件生产关键技术；城市轨道交通车站装配式构件施工关键技术；城市轨道交通车站装配式施工质量检查与验收；施工安全。

本书可供轨道交通、装配式施工、设计、监理、安全、质检人员使用。

责任编辑：刘颖超　郭　栋
责任校对：芦欣甜

装配式建造技术前沿丛书

城市轨道交通车站装配式建造关键技术

黄　刚　郭建涛　路林海　李　珂　郭小红　编著

*

中国建筑工业出版社出版、发行（北京海淀三里河路 9 号）
各地新华书店、建筑书店经销
国排高科（北京）信息技术有限公司制版
北京云浩印刷有限责任公司印刷

*

开本：787 毫米×1092 毫米　1/16　印张：12　字数：258 千字
2024 年 12 月第一版　2024 年 12 月第一次印刷
定价：**59.00** 元
ISBN 978-7-112-30366-3
（43066）

编委会

编　著：黄　刚　郭建涛　路林海　李　珂
　　　　郭小红

编　委：黄　俊　油新华　武朝军　丛　峻
　　　　李积栋　黄清飞　贾新卷　孙立柱
　　　　刘医硕　彭　琳　孙捷成

目　录

第 1 章

概　　述

1.1 我国城市轨道交通建设的基本情况和发展趋势

国民经济的迅速发展促进了城市的建立和发展。根据国家统计局最新统计数据，截至 2021 年底，我国城镇人口已达到 91425 万。截至 2022 年底，我国有大城市 106 个，其中包含 7 个超大城市、14 个特大城市、14 个Ⅰ型大城市以及 71 个Ⅱ型大城市。

交通运输是城市基本职能和物质基础的重要组成部分，城市发展与城市交通运输具有相辅相成、相互制约的密切关系。交通运输决定了城市的形成和发展，在城市形成之后，则要求交通技术水平与城市发展相适应。随着城镇化的不断加速，由于经济建设的蓬勃发展，各种运输量增加很快，导致市内客流量成倍或成几十倍的增长，加上城市基础设施建设相对滞后，导致公共交通问题越来越突出，严重地影响了经济建设的进程；另外，由于城市内部建筑物密度大，并且不全是老城区，各种建筑物、构造物比比皆是，城市里的剩余空间越来越小，旧城改建十分困难，随着我国城市机动车数量的不断上升，交通运输以及城市生产布局缺陷矛盾日益突出。以交通拥堵为典型的城市病更加突出，人类的居住与活动空间一再被压缩，不仅影响广大人民群众的生活质量，同时也制约了城市的进一步发展，因此，发展地下铁道及轻轨交通越来越受到人们的重视。

任何一种交通工具的出现都有一定的社会背景，是城市社会经济发展的结果，并将随着科学技术的发展而不断提高。从地下铁道诞生以来的 100 多年间，出现了许多不同类型的轨道交通方式。每一种轨道交通方式都有着不同的特点，各轨道交通系统相互之间有着复杂的关系，由于缺乏系统的基础理论研究，缺乏统一的标准，因此，对各种轨道交通存在很多模糊的认识，不但概念不清楚，而且叫法也不统一，统计数据混乱，给城市轨道交通的规划及选择合理的轨道交通方式带来严重的障碍。因此，本书首先对城市轨道交通的分类和定义进行阐述，阐明各种轨道交通的特点，而且有助于深化对各种轨道交通的了解，澄清对各种轨道交通的模糊认识，为确定城市轨道交通的发展模式、为城市轨道交通的选型提供理论依据。

城市轨道交通（Urban Rail Transit）是采用轨道结构进行承重和导向的车辆运输系统，是城市公共交通的骨干，具有节能、省地、运量大、全天候、无污染、安全等特点，能很好地缓解堵车问题，而且地面机动车的数量减少就可以降低汽车尾气排放造成的大气污染，属于绿色环保交通体系，特别适应于大中城市；同时，城市轨道交通的建设能够带动一系列产业的发展，如基础建设、智能化设备研发、房地产市场开发等，并且对于提升城市综合实力和整体形象、消除城市结构缺陷具有显著的促进作用。

1. 轨道交通的形式与特点

一般来说，特大城市一般是首都、直辖市及省会城市都是全国或地区的政治、经济、文化中心，天天进出市区的上班族和进行商业活动的人员及各种流动人员数量十分庞大，为了输送如此数量的旅行人员，应分地区、分区域、分路段，根据客流需要，结合城市总体规划、考虑环保等要求，合理选择相应的城市轨道交通系统。城市轨道交通系统按照轨道建筑物在城市内所处的空间位置、能够满足的运量大小、运行方式、轨道结构、治理方式的不同，划分为地下铁道、现代有轨电车、单轨交通、小型地铁以及轨道新交系统。

1）地下铁道

地下铁道，简称地铁，是线路的大部分建筑物在地下、作为大运量轨道交通手段的城市高速铁道的总称，一般适合于城市内市区及老城区的建设。其特点是在市内地下通行，占用地表及地上空间较少，运营干扰小，输送能力大，运量达 3 万～6 万人/h，但造价比较昂贵（图 1.1-1）。

图 1.1-1　地铁车站照片

1863 年，世界上最初的地铁在伦敦开通，全长 6km。1969 年 10 月，我国在北京建成了第一条地铁，即北京地铁第一期工程投入试运营，也是我国自行设计、建设的第一条地下铁道。截至 2022 年 7 月，北京地铁运营线路共有 27 条，运营里程 783km，车站 463 座（其中换乘站 73 座）；同时，北京地铁的满载率和单车运行均居世界第一。

2）现代有轨电车

现代有轨电车是利用轨道作为车辆导向的运输轨道交通系统。它以客运为主，是在旧式有轨电车的基础上发展起来的现代化水平很高的客运系统，输送能力为 1 万～3 万人/h，属于中运量城市交通客运系统，具有高速、高加速性能、噪声小、低振动、对四周环境影响小的特点，省功耗、节能，可以无人驾驶，同时建设费用比较便宜，运营费用也较小。现代有轨电车见图 1.1-2。

法国是世界上最早拥有现代有轨电车的国家之一。在法国的南特市，城市人口约 45 万人，1984 年建成一条自东向西穿过市区的现代有轨电车线路，线路全长 10.6km，平均运行速度可达 24km/h，目前年客运量已接近 2 千万人次。在我国上海，也采用现代有轨电车交通系统，即轻轨明珠线，1998 年投入运营。目前，在世界上拥有城市轨道交通系统的 320 个国家当中，拥有有轨电车的达 84%。

图 1.1-2 现代有轨电车

3）单轨交通

单轨交通是指以橡胶轮胎为主的车辆在一根轨道上运行的交通方式。按支撑方式的不同，可划分为跨座式和悬吊式两种。单轨交通具有以下特点：运行安全，运行速度快，可轻易在陡坡、小半径曲线上行驶，公害小，支撑少，建设费用低，建设工期短。但单轨交通通过城市景观区、市中心和住宅区的时候，乘客总有点担心；与其他交通设施不能换乘；与其他高架交通设施交叉时，要建成更高的高架结构；道岔装置结构复杂，运转时间也较长；车辆出现故障等紧急情况，需要避难时间。单轨列车见图 1.1-3。

图 1.1-3 单轨列车

4）小型地铁和新交通系统

都是 20 世纪 80—90 年代发展起来的新型轨道交通系统，具有技术先进、建设造价低的特点。在世界上许多地方，可得到不同程度的修建。我国首创的智轨公交项目见图 1.1-4。

图 1.1-4　我国首创的智轨公交项目

我国轨道交通的建设，具有如下特点：

1）规划建设城市轨道交通的城市迅速增多

2000 年后，随着我国城市轨道交通运营城市不断增多、线网规模持续扩大，我国城市轨道交通也进入了快速发展期。截至 2022 年 6 月底，中国内地累计有 51 个城市开通城市轨道线路，开通运营城市轨道交通线路 270 条，运营里程 9600 多公里。根据相关数据预测，2022 年全国城市轨道交通运营线路总长度将突破 10000 公里。

2）城市轨道交通正逐步形成网络化

北京、上海、天津、广州等城市都正在建设和筹建多条城市轨道交通线路，并将形成纵横交错、相互沟通的交通体系，逐步形成网络化，并启动新的网络运营方案与建设工程。

3）城市轨道交通类型的多元化

随着经济发展，城镇化速度不断加快，特别是东部沿海区域城镇化率不断增高，致使城市市区规模越来越大，某些地区城市体制的改变使得城市规模也越来越大，城市轨道交通需求增大，城市轨道交通规划的范围，延伸的里程已覆盖了城市和乡镇的大部分区域，为城市轨道交通发展注入了新的活力。城市轨道交通不再单单以发展地铁为主，城市轻轨加入加快了建设速度，科学技术的进步，不同类型的轨道交通也进入了并行发展时期，呈现多元化发展态势，并开始注重轨道交通与城市环境的协调发展。

在经济特别发达的一些地区，如珠三角、长三角、京津冀经济区，城市轨道交通开始向城际轨道交通领域拓展。这三个地区都在以城市轨道交通的理念编制城际轨道交通发展建设的规划，为城市轨道交通发展拓展了更广阔的发展空间。总体看来，中国城市轨道交通建设呈现多元化发展趋势，要做好以城市为主的轨道交通枢纽规划。

目前，除了悬挂式单轨外，世界上的所有城市轨道交通的技术制式在中国都已开始采用。这些制式是：地铁（含高架和地面线路，高峰单向客运量达 3 万～6 万人/h）、轻轨（含现代有轨电车，高峰单向客运量达 1 万～3 万人/h）、跨座式单轨线路（如重庆单轨较新线）、线性电机线路（如广州地铁 4 号线、5 号线）、无人驾驶自动导向系统（如北京机场新建线路）、市域快速轨道系统（如大连、天津滨海线）等。中国城市轨道交通类型向多元化的方向发展。

4）车辆设计制造的技术进步

我国城市轨道交通运输装备制造业已经发展超过半个世纪的时间，已经构建了一套自主研发、配套完整、设备先进、规模经营的现代化制造体系，具体可以细分为电力机车制造、机车车辆关键部件制造、牵引供电设备制造、铁道客车和动车组制造、铁道货车制造、轨道工程机械制造等多个专业领域。目前，我国超过95%的干线铁路运输装备都是国内制造。此外，我国轨道交通装备制造在满足国内需求的基础上，每年还能够创造4亿～5亿美元的出口产值。总体上，城市轨道车辆技术已接近并正在赶上世界先进水平，主要表现在：

（1）在城市轨道车辆的设计中广泛应用了计算机，使开发周期大大缩短；

（2）采用不锈钢、铝合金车体，实现了轻量化；

（3）采用交流电传动系统替代直流传动系统，批量生产了调压调频（VVVF）电传动技术的车辆；

（4）大量采用世界先进的技术、工艺、设备，加速了城市轨道车辆现代化的进程；

（5）无摇枕和二系空气弹簧转向架以及微机控制模拟式电空制动系统的广泛采用，大大提高了城市轨道车辆的安全性和舒适性；

（6）微电子、计算机以及卫星定位技术在车辆的控制系统、诊断系统以及乘客信息系统上得到应用。

5）城市轨道交通显示了高效率的运输特点，促进了城市化的发展

中国城市轨道交通已经体现出了比常规公共交通更高的运输效率。例如，北京城市轨道交通运营里程虽然约占公共交通总运营里程1%，而其客运量约占公交客运的11%；上海城市轨道交通运营里程虽然约占公共交通总运营里程0.7%，而其客运量约占公交客运量的15%。此外，轨道交通的建设过程，对城市多中心空间结构分布的形成和经济发展发挥了重要的引导作用。

6）多元化投融资渠道正在形成

城市轨道交通项目属于公益设施，经济效益不高，但投融资需求十分巨大，单靠政府投资难以为继，因此，在投资体制和模式上需要创新，包括积极探索多元化投融资方式，借鉴海内外的成功经验。新时期中国城市轨道交通一改计划经济时期全部由政府投资的局面。北京地铁复八线利用国外贷款占总投资的1/4；上海1号线和广州1号线利用外资分别约占总投资的40%和33.3%，并且采用三三制（即外资、市政府和沿线区政府各占1/3）投融资模式；北京地铁4号线、深圳地铁4号线分别进行了PPP（政府和社会资本合作）投融资模式的尝试，使港铁公司获得了由国务院批准的特许经营权。合理利用政府财政投资、促进投资主体多元化，积极探索国际通行的投融资方式仍是今后投融资的主要方向。

7）积极开展城市轨道交通规范和标准制定等基础性工作

国家发展和改革委员会、住房和城乡建设部对城市轨道交通规范和标准的制定工作非

常重视，并得到各方面的积极支持。从建立城市轨道交通建设技术标准体系、适应标准体制改革和符合中国加入 WTO 形势的需要出发，住房和城乡建设部先后开展了有关设计规范、运营维修技术等规范的制修订工作，组织了工程技术标准体系的编制，在此基础上，将工程建设与产品标准体系分开，有计划地进行车辆及信号等相关系统标准的制、修订。

2. 我国城市轨道交通发展历程及现状

1）城市轨道交通的发展历程

目前，我国城市轨道交通发展较为迅速，但是过去由于经济实力和技术水平的限制，我国城市轨道交通建设相较于西方国家整体起步较晚。随着近年来城市轨道交通的发展建设，轨道交通相关产业也随之强大起来。整体来看，我国轨道交通发展历程可以大致分为四个阶段，当前我国城市轨道交通发展历程处在建设高潮阶段。

（1）城市轨道交通建设萌芽阶段

从 20 世纪 50 年代起，我国开始筹备轨道交通建设，制定北京地铁网络规划，然而当时建设的指导思想更注重人防战备功能，兼顾部分城市交通的功能。1965—1976 年，国内首条地铁线路——北京地铁一期工程建成。随后，建设了天津地铁（现天津地铁一号线的前身）和哈尔滨人防隧道等工程。

（2）现代城市轨道交通建设逐步兴起阶段

改革开放以后，随着经济总量的不断扩大，城市人口的急剧膨胀，道路交通等基础设施薄弱成为限制北京、上海、广州等特大型城市发展规模的瓶颈。20 世纪 80 年代末至 90 年代中，我国内地真正以城市交通为目的的地铁建设项目开始起步，先后建成了上海轨道交通 1 号线、北京地铁复八线和地铁一期工程改造、广州地铁 1 号线等项目。随后，一批大中型城市包括沈阳、天津、南京、重庆、武汉、深圳、成都、青岛等也开始计划建设轨道交通项目，并进行了大量的前期工作。

（3）城市轨道交通建设放缓完善阶段

由于各大城市要求建设的地铁项目逐步增多，且在建地铁项目的工程造价较高，1995 年 12 月国务院发布国办 60 号文，暂停了地铁项目的审批，并要求做好发展规划和国产化工作。同时，原国家计委开始研究制定城市轨道交通设备国产化政策。至 1997 年底，提出以深圳地铁 1 号线、上海轨道交通 3 号线和广州地铁 2 号线作为国产化依托项目，并于 1998 年批复了上述三个项目的立项，从此城市轨道交通建设项目重新开始启动。

（4）城市轨道交通建设高潮阶段

随着国家实施积极的财政政策以进一步扩大内需，为了配合城市经济迅猛发展的势头，1999 年以后深圳、上海、广州、重庆、武汉等 10 个城市的轨道交通项目先后获得审批开工建设，同时国家投入 40 亿元国债资金予以支持。随着 2005 年后新一轮城市轨道交通建设规划陆续获得国家主管部门的批复，一批新兴大中型城市积极编制城市轨道交通建设规划，我国城市轨道交通正掀起新一轮建设高潮。

2）城市轨道交通的建设现状

截至 2022 年 9 月 30 日，中国内地累计有 52 个城市投运城市轨道交通线路 9788.64km，其中地铁 7655.32km，占比 78.21%。见图 1.1-5、图 1.1-6。

序号	城市	截至2022年9月30日运营线路长度（km）										
		合计	地铁	轻轨	跨座式单轨	市域快轨	有轨电车	磁浮交通	自导向轨道系统	电子导向胶轮系统	导轨式胶轮系统	悬挂式单轨
1	北京	856.20	709.90			115.30	20.80	10.20				
2	上海	936.16	795.36			56.00	49.40	29.11	6.29			
3	天津	271.86	211.80	52.20			7.86					
4	重庆	478.17	336.10		98.45	28.22					15.40	
5	广州	621.55	519.15			76.50	22.00		3.90			
6	深圳	431.03	419.31				11.72					
7	武汉	484.38	435.28				49.10					
8	南京	445.37	182.20			246.47	16.70					
9	沈阳	216.71	114.10			102.61						
10	长春	124.24	43.04	63.70			17.50					
11	大连	235.94	65.64	103.80			43.10	23.40				
12	成都	652.00	518.50				94.20	39.30				
13	西安	252.62	252.62									
14	哈尔滨	78.08	78.08									
15	苏州	254.20	209.97				44.23					
16	郑州	274.83	231.83			43.00						
17	昆明	165.85	165.85									
18	杭州	516.44	516.44									
19	佛山	69.90	53.90				16.00					
20	长沙	209.66	191.11					18.55				
21	宁波	182.28	160.75			21.53						
22	无锡	110.77	110.77									
23	南昌	128.45	128.45									
24	兰州	86.53	25.53			61.00						
25	青岛	293.10	110.00			174.30	8.80					
26	淮安	20.10					20.10					
27	福州	112.11	112.11									
28	东莞	37.79	37.79									
29	南宁	128.20	128.20									
30	合肥	153.60	153.60									
31	石家庄	74.28	74.28									
32	贵阳	74.37	74.37									
33	厦门	98.40	98.40									
34	珠海	8.80					8.80					
35	乌鲁木齐	26.80	26.80									
36	温州	53.51				53.51						
37	济南	84.10	84.10									
38	常州	54.03	54.03									
39	徐州	64.09	64.09									
40	呼和浩特	49.00	49.00									
41	天水	12.90					12.90					
42	三亚	8.37					8.37					
43	太原	23.28	23.28									
44	株洲	17.00									17.00	
45	宜宾	17.70									17.70	
46	洛阳	42.50	42.50									
47	嘉兴	60.13				46.32	13.81					
48	绍兴	47.10	47.10									
49	文山州	13.40					13.40					
50	芜湖	46.20			46.20							
51	南平	26.17					26.17					
52	金华	58.40				58.40						
合计		9788.64	7655.32	219.70	144.65	1117.85	532.97	57.86	10.19	34.70	15.40	/

图 1.1-5 轨道交通运营线路长度汇总（截至 2022 年 9 月 30 日）

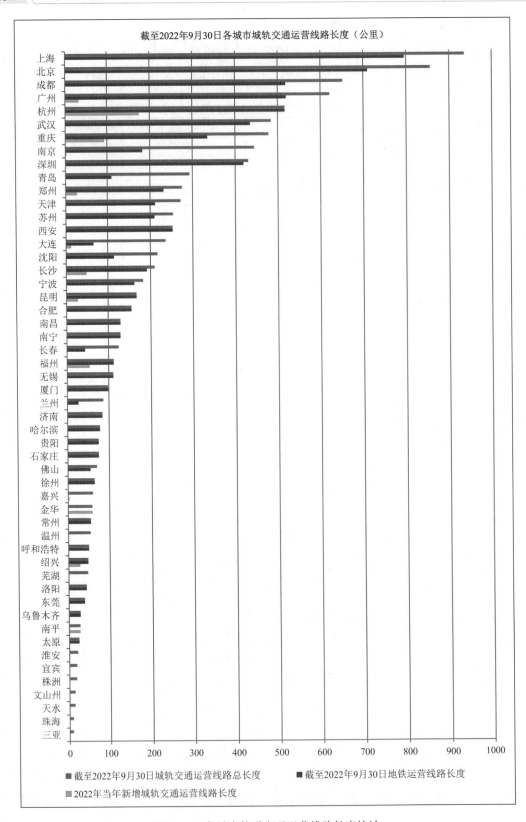

图 1.1-6　各城市轨道交通运营线路长度统计

3）我国城市轨道交通系统发展趋势展望

在我国，随着社会发展和科学技术的进步，同时经过对国外技术引进吸收，在城市轨道交通系统的选择上，就其形式而言，日益多样化，设备的来源也日益国产化。在城市轨道交通系统建设过程中，为多方位、多形式、多方案的比选提供了可能。因此，对于一座城市轨道交通系统的建立，要根据城市的总体规划、发展趋势、经济形式、城市人口分布状况、人员流向和流量，在客观的调查研究、分析判定的基础上，合理选择适合于本城市特点的城市轨道交通系统，只有这样，所选择的系统才能更好地为本城市的发展服务。经过对现阶段我国城市轨道交通系统现状的分析，在今后我国的城市轨道交通系统的规划与建设中，应处理好以下几个方面的关系：

（1）合理处理城市轨道交通系统与城市其他交通的关系

地下铁道虽然有运量大、干扰小、快捷、方便、安全的特点，但它也只是城市交通网络的组成部分，因此城市轨道交通系统的建立，一定要与城市其他交通系统相协调。如在超大城市，建立环形加十字形的城市轨道交通骨架，在省会城市建立环形、十字形、一字形的城市轨道系统骨架，充分发挥城市轨道交通大运量、高速的特点，满足人们出行需要，结合城市上下班时间客流量大且集中的特点，做到及时疏散的目的。而在城市轨道线路的中间区域，应充分发挥城市市政道路优势，完成近距离客流运输的需要。

（2）城市轨道交通系统的建立应按不同地带采用不同的形式

在同一座城市，由于经济、文化发展不平衡，人口密度不一样，工业、农业布局不一样，建筑规模不一样，按目前的行政区划，一座城市有市区与郊区之分；同时，由于不同形式的轨道系统，造价也不一样，为了减轻城市轨道交通系统对财政上的负担，在市内建筑物密集地带，如街坊、商业区、工业区、商务区等地带，以地下铁道的方式通行，虽然地铁建设费用较高，但对既有建筑物、市政道路的影响较小，拆迁量小，不单独占用土地，所以在寸土寸金的城市中心地带，优势很明显；同时，在运营阶段，与其他交通设施互不干扰；无噪声、无污染，这在城市公害被广泛重视的今天，显得更有意义。在市郊或市郊接合部，一般建筑物较少、人口密度低，土地大部分是农田，建设空间大。在这种地段，以轻轨或高架线路通行，在经济上比较合理。同时，市郊区域，也是每个城市的自然风光地带，轻轨的建立也在一定程度上可以满足市民休闲、度假的需要。

（3）轨道交通设备的国产化程度是城市轨道系统在我国进一步发展的保证

我国地铁建设的费用，大部分靠地方财政提供支持，而地铁费用组成中，设备费用占很大的比例。在我国，除北京地铁是由我国自行设计、建造的外，其他城市的地铁建设，大部分技术和设备主要依靠于进口，如上海地铁 1 号线主要设备是从德国进口的；广州地铁 1 号线主要设备从德国、日本、美国、英国等国家引进的；重庆轻轨线主要设备从日本引进的；由于设备大量依靠于进口，造成了建设、维修、运营成本昂贵。所以我国城市轨道交通系统基本上都在沿海经济发达地区建立，这在一定程度上阻碍了我国城市轨道交通在更大范围的发展。

近年来，随着对引进技术的学习、消化、研究、创新，我国在轨道的关键技术和设备上有了突破，如行车速度为 200km/h 的子弹头机车已研制成功等，在上海明珠线、广州地铁 2 号线、南京地铁及深圳地铁等项目的设备国产化率预计达到 60%～80%，使地铁每公里的造价由原来的 8 亿元人民币降低到 4.5 亿元人民币，轻轨每公里的造价仅为 2.5 亿元左右，地铁车辆费用从进口的 190 万美元降到 40 万美元。随着设备国产化率的提高，大大降低了地铁建设造价；同时，在我国其他经济相对落后的城市，建立城市轨道交通系统将为期不远，这样促进了城市轨道交通系统在我国更广范围的发展。

城市轨道交通系统，是未来城市交通体系中不可缺少的组成部分，尤其是在超大城市、大城市解决交通拥挤具有很强的优势，具有广阔的发展市场。从可持续发展的战略眼光来看，无论目前是否有地铁，在大城市总体规划的时候，都应把城市轨道交通系统纳入规划之列，考虑目前我国的经济实力，可以有计划、有步骤地逐步实行；同时，把轨道交通系统与其他交通系统综合考虑，使其相互协调、共同发展，使城市的整体交通体系更科学、更完善，更好地服务于市民并为城市的经济建设服务。

1.2　预制装配城市轨道交通车站发展现状及建厂发展现状

俄罗斯、日本、荷兰、乌克兰等国都先后将装配式技术应用于地铁明挖回填隧道中，其中俄罗斯在装配式车站结构的研究和应用方面有较大成就，例如苏联联邦国家为了解决冬期施工问题，在明挖地铁车站和区间工程中研究应用了预制装配技术，例如明斯克地铁车站顶底板分别用 3 块预制构件通过接头湿式连接，侧墙设置钢筋混凝土现浇段，但明挖条件下接头湿式连接的方式，制约了机械化拼装水平和施工效率，而且对于大构件、高配筋率的地铁结构，在有限的基坑空间内进行钢筋连接和混凝土现浇，施工难度极大，工程质量难以控制；同时，大量现浇施工缝的存在严重影响到了地下结构的整体防水性能。这种装配在后来的工程中很少应用。明斯克地铁车站拱顶装配式整体式结构示意图见图 1.2-1。

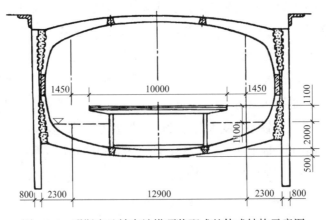

图 1.2-1　明斯克地铁车站拱顶装配式整体式结构示意图

在国外明挖法施工的装配式地下车站结构中，结构多采用矩形断面形式。如图 1.2-2 所示，车站结构的底板采用整体现浇的混凝土，边墙和顶板预制，顶板采用的密肋板式结构，构件质量较轻，利于拼装。国外矩形断面装配式地铁车站结构断面示意图见图 1.2-2。

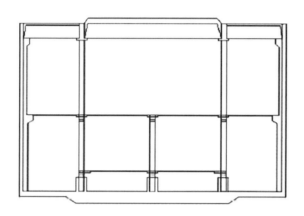

图 1.2-2　国外矩形断面装配式地铁车站结构断面示意图

我国的车站装配式技术研究虽然起步较晚，但也有了一定进展，自长春地铁首座装配式车站建设以来，近 10 年国内在建和已建的装配式车站统计如表 1.2-1 所示。

近 10 年国内在建和已建的装配式车站统计表　　　　　　　　　　　表 1.2-1

线路	站名	建设时间	装配形式	备注
长春地铁 2、5、6、7 号线	双丰站等 18 座车站	2012 年起	全预制装配式	已建 8 座，在建 10 座
北京地铁 6 号线	金安桥站	2014 年	叠合装配式	后改现浇结构
济南地铁 R1、R2 线	任家庄等 3 座车站	2015 年	叠合装配式	已建
上海地铁 15 号线	吴中路站	2018 年	叠合装配式	已建
广州地铁 11 号线	上涌公园站	2018 年	叠合装配式	已建
哈尔滨地铁 3 号线	丁香公园站	2019 年	叠合装配式	已建
青岛地铁 6 号线	河洛埠站等 6 座车站	2019 年	全预制装配式	已建
深圳地铁 16、13、12、6 号线	坪西路站等 7 座车站	2020 年	全预制装配式	在建
无锡地铁 5 号线	新芳路站等 3 座车站	2021 年	叠合装配式	在建

根据调研，对几个代表性装配式车站进行简单介绍：

长春地铁 2 号线双丰站（原名袁家店站），该站为单拱双层结构，装配段长 178m，车站高近 18m、宽度近 21m，采用拱形断面，站厅层无柱，站台层设计一排中柱与中板采用现浇结构，预制装配部分采用分块式大型预制混凝土构件，每环由 7 块预制闭腔式空心构件组成，其中底板 3 块、边墙 2 块、顶板 2 块，通过榫槽连接，共计由 609 块预制构件组成的 88 环拼装而成。其中，单块最大质量达 55t，因此需要专门的吊装设备进行吊装。见图 1.2-3、图 1.2-4。

图 1.2-3　长春地铁 2 号线双丰站　　　　图 1.2-4　北京金安桥车站装配示意图

北京金安桥站装配式车站试验段，为双层三跨矩形断面，长约 27m，采用底板现浇＋侧墙预制＋钢管柱＋叠合梁＋叠合板的分块模式，节点采用灌浆套筒连接和现浇混凝土连接方式。内衬侧墙采用整块预制，通过灌浆套筒竖向连接，但是钢筋套筒数量多、难对准，需要专门的侧墙安装设备。

广州市轨道交通 11 号线上涌公园站，车站总长 221.7m、标准段宽 22.3m，地下三层明挖车站，主体建筑面积 15234.21m²，采用永临结合＋装配式结构体系：

（1）地面施作基坑支护地下连续墙，并利用连续墙作为主体结构的侧墙使用；

（2）中间立柱采用钢管混凝土柱兼作临时立柱，基坑开挖前从地面施作柱下桩基础，并将钢管桩插入桩基础内；

（3）开挖基坑至内支撑标高处，内支撑中部段采用预制混凝土构件，两端分别通过现浇腰梁与连续墙连接，与中间立柱相交处通过现浇节点与钢管柱连接，基坑内支撑体系建立；

（4）基坑开挖至基底标高后，回筑主体结构，底板采用现浇混凝土施作；

（5）中板结构通过在内支撑构件上铺设预制板装配而成，并将内支撑作为中板的横梁加以利用；

（6）顶板在内支撑构件上设置叠合结构，同样将内支撑作为横梁加以利用。

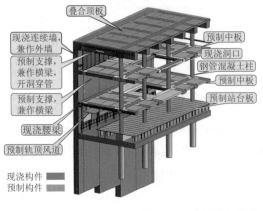

图 1.2-5　上涌公园站装配示意图及现场照片

图 1.2-5　上涌公园站装配示意图及现场照片（续）

1.3　城市轨道交通车站预制装配技术的定义

所谓城市轨道交通车站预制装配技术，是运用现代工业手段和现代工业组织，对预制城市轨道交通装配式车站生产的各个阶段的各个生产要素通过技术手段集成和系统的整合，达到预制装配的标准化。简而言之，就是指在明挖、暗挖或盖挖等施工条件下，将车站的结构主体分块或分节段在工厂预制，然后运到现场进行拼装的一种快速绿色施工技术。这种预制拼装地铁车站要求具有两个特征：一个是构成车站主体的构件是预制的，另一个是预制构件的连接方式必须安全、可靠。

1.4　常见地下工程预制装配技术的分类

预制装配按照地下工程施工方法不同可以分为明挖预制装配法，暗挖预制装配法，盖挖预制装配法以及二次（附属）结构预制。具体分类、特点及使用范围如表1.4-1所示。

地下工程预制装配技术分类　　　　　　　　　表 1.4-1

方法		内容	特点及适用范围
主体结构预制	明挖预制装配	先施工明挖基坑，然后主体结构采用预制装配方式（又可分为预制节段拼装、分块预制拼装、叠合等）	主体结构采取类似房建的预制装配框架结构。 施工简单、快捷，质量容易保证，但一般需要提供一个内支撑间距足够的明挖基坑条件
	暗挖预制装配	暗挖条件下，对二衬结构或者临时支撑结构采取预制装配施工	目前比较成熟的就是盾构法施工，但其尺寸较小且断面单一，主要用于区间隧道； 小断面过街隧道可以采取暗挖预制顶推的方式； 也可以对于大断面隧道施工中的临时仰拱或临时中隔壁，初支钢拱架或二衬预制拼装，但面临着地下运输的难题
	盖挖预制装配	在盖挖条件下，预制地连墙作为围护结构和内衬墙（两墙合一），结构顶板（盖板）或中板可以采取现浇或预制的方式	可以快速施工盖板、恢复交通，适合在繁华的城区进行施工；采取两墙合一技术可大大降低成本；难点在于盖挖条件下难以采用大型机械设备，构件尺寸和重量受到严格限制
二次（附属）结构预制		装配式站台板、轨顶风道	简单易行，施工方便，绿色、环保

本书主要针对采用明挖法施工的地铁车站的预制装配技术开展相应的阐述。

第 2 章

城市轨道交通车站装配式建厂关键技术

2.1　城市轨道交通车站装配式构件厂建厂基本要求

2.1.1　城市轨道交通车站装配式构件厂建厂基本原则

城市轨道交通车站装配式构件厂的设计、建设和其他类型的构件厂一样，应由具有国家相应资质的单位承担，首先应满足各项审批文件的要求，应从实际国情出发，积极、稳妥地采用国内外先进技术和成熟可靠的工艺、设备和材料，同时应能满足装配式建筑预制混凝土构件的有序、高效、安全的生产要求和提供合格产品的质量要求。

工厂的厂址选择应符合城市总体规划及国家有关标准的要求，应符合当地的大气污染防治、水资源保护和自然生态保护要求，并通过环境影响评价。

构件厂建厂的工厂布局应贯彻节约集约利用土地的规定，并应严格执行国家及地方规定的土地使用审批程序，按照工艺要求进行，兼顾投资顺序和扩产的要求。主要遵循以下几个大的原则：

1）厂区总平面设计应遵循以下原则：确保建（构）筑物布置满足生产、物流要求，符合安全、防火、环保要求，减少建筑物工程投资；布置力求紧凑、合理、节约用地；环境绿化与空间组合协调，努力改善工厂和工作环境。

2）根据土地情况及项目生产工艺需求以及企业未来发展要求，厂区布置应满足以下条件：

（1）功能分区明确，人流、物流便捷流畅；

（2）生产工艺流程顺畅、简捷；

（3）绿化系数较高，厂区舒适、美观。

3）厂区道路及绿化应遵循以下原则：

（1）厂区道路进行硬化，人流、物流便捷流畅；

（2）对厂前区、道路两侧及新建的建构筑物周围皆予以绿化，种植花草和树木，以达到减少空气中的灰尘、降低噪声、调节空气温度和湿度及美化环境的目的，为工作人员创造一个良好的户外活动场所。

4）厂区的各类管线规划应遵循如下原则：

厂内管线主要有：给水排水管线、电力及通信线路、压缩空气管线等。原则上排水采用暗沟雨污合流形式，其他管线均采用地沟。

工厂的建（构）筑物、电气系统、给水排水、暖通等工程均应符合国家相关标准的规定，做到合理用能、节能降耗。工厂生产过程中产生的各项污染按照国家和地方环境保护法规和标准的有关规定，应治理后达标排放。必须执行防治污染设施与主体工程同时设计、同时施工和同时投产制度。

在设计、建设和运行过程中，应高度重视劳动安全和职业卫生，采取相应措施，消除事故隐患，防止事故发生。劳动安全和职业卫生设施应与工程同时设计、同时施工和同时投产使用。

2.1.2　城市轨道交通车站装配式构件厂厂区构成

预制构件厂整体由构件生产区、构件成品堆放区、办公区、生活区相应配套设施等组成，具体可分为构件生产车间、办公研发楼、成品堆场、混凝土原材库、成品展示区、试验室、锅炉房、钢筋及其他辅材库房、配电室、宿舍楼、餐饮楼等。国内某构件厂厂区效果图见图 2.1-1。

图 2.1-1　国内某构件厂厂区效果图

其中，办公研发楼主要用来办公、会议及相应的产品研发等功能，构件生产车间由预制构件生产线、钢筋加工生产线、车间内预制构件临时堆放区、混凝土搅拌运输系统、高压锅炉蒸汽系统、桥式门吊系统、动力系统等组成，成品堆场用来堆放预制好的构件，成品展示区用来展示构件厂部分产品及其生产工艺介绍等。

2.2　城市轨道交通车站装配式构件厂厂址选择与总平面设计

2.2.1　城市轨道交通车站装配式构件厂厂址选择

预制构件厂在选址时一般应遵循如下原则：

1. 交通便捷原则

目前，建筑工业化的发展受到密切重视，预制构件的运输量也必有增多的趋势。从原材料的获取，在厂区内进行生产成成品，又将其运送到项目现场进行现场浇筑等施工作业，都需要有便捷的交通作保障。因此，预制构件厂选址时必须以便捷的交通为原则，应尽量靠近交通枢纽。

2. 需求集中原则

建筑工业化预制构件厂生产的构件最终将被运输到工业化项目现场，预制构件从出场运输至施工项目现场的距离远近将直接影响运输的时间及成本。因此，预制构件厂的选址应立足于长远利益，遵循整体控制局部结合的原则，不仅要满足目前的现实需要，而且要遵从长期价值，跟进日后需求。

3. 地理适应原则

预制构件厂的建设必须符合区域当地的城市发展规划要求预制构件厂通常应放在工业园区，同时考虑预制构件厂所在的工程地质情况，气候、水文等自然条件。在选址时应考虑周围的自然环境，尽量与当地的布局协调。

4. 持续发展原则

预制构件厂建立的初期，工业化项目并不是很多，投入的资金并不能在短期内实现回笼。因此，预制构件厂的建设是分阶段扩大规模和建造的。所以，应匀出周围的空闲土地，以备一些日后规模扩大的需求。

5. 环境友好原则

事实上，预制构件厂和机械工厂一样，在建造过程以及生产运营过程中都会对周围环境带来或多或少的影响。因此，预制构件厂项目的选址必须协调好其与周围居民生活环境的关系。特别注意保护人畜的生活饮用水和河流水域环境。

影响预制构件厂选址的因素是复杂多样的，建筑工业化预制构件厂的选址工作，应立足长远，着眼战略全局，充分考虑工厂的服务区域、地理条件、水文地质、气象条件、经济条件、社会条件及资源条件（交通条件、土地利用现状、基础设施状况、运输距离、企业协作条件及公众意见等）等各个层面影响选址的因素是非常多的，有主观的，有客观的，有可以量化的，也有不可量化的，所以，合理地将上述指标考虑到选址过程中去，是实现科学选址的先决条件。利用科学、合理的方法对选址问题给出决策，经多方案比选后确定。

根据国内部分学者的研究，考虑建筑工业化预制构件厂选址的特殊性，将影响设施选址的主要因素进行整理后，得到影响建筑工业化预制构件厂的选址主要因素包括以下 6 个：①产业环境；②经济因素；③社会影响；④基础设施；⑤自然条件；⑥地块情况。

1）产业环境

产业环境是经济学上的一个指标，是衡量影响产业发展现况以及发展潜力的因素。影响建筑工业化预制构件厂的选址的产业环境主要有预制构件产品的市场需求、当地发展建筑工业化的政策导向以及当前工业化建筑的产业状况。市场需求是一个企业赖以生存和发展的基础，市场需求表征了产品的地理辐射范围，决定了企业的生存和发展能力。因此，通过对当地建筑工业化项目展开深入的调研可以了解到当地对于预制构件的需求，进而可以确定建筑工业化预制构件厂建造的合理性及适用性。政策导向是政府根据当地产业规划，下发相应的政策扶持特色产业的发展。政策导向是当地产业发展的方向标，能合理地利用政策导向可以使得企业的发展具备天然的优势，能得到政府更多的支持。产业状况是基于现实情况统计而得到的关于产业情况的一个说明，是通过对产业的竞争能力、竞争形势等要素进行的一个深入性分析。产业状况在一定程度上也能预测产业的未来发展趋势。

2）经济因素

建筑工业化预制构件厂选址过程考虑的经济因素，主要包括土地成本因素、交通运输成本因素、生产及运营和人力成本等。

土地成本是影响建筑工业化预制构件企业盈利的最重要因素之一，如果一个企业的利润不足以抵扣其土地成本，那么该企业的存在将毫无价值。考虑土地综合成本因素，首先要对研究区域的土地利用性质以及出让价格信息进行调研，土地利用性质决定了能否在该区域内建厂，出让价格的高低决定了在该区域内进行建厂是否合适。土地价格越便宜，则土地综合成本等级越高，选择的优先权越大。

原材料以及预制构件的运输是建筑供应链上的重要组成部分，运输构件时采用何种运输方式、决定的哪条运输线路以及因线路变化导致运输距离变长或缩短，都会导致最终的运输成本变化。预制构件厂的选址非常依赖便捷的交通，运输成本占生产成本的 10%～20%；同时，颠簸的运输方式也会大大增加预制构件的破损率，选址时将交通运输成本因素纳入，势必将节约后期运营过程中的运输成本和质量控制成本。

生产运营成本和人力成本同样也受选址的具体情况所影响，各个选址的生产运营成本和人力成本不尽相同。

3）社会影响

建筑工业化预制构件厂选址考虑的社会影响主要包括建成后的工厂在运营过程中对居民生活的影响和对环境的影响。

预制构件厂在进行生产活动时会产生一定的粉尘或废气，不仅对现场工人的身体不利，而且飞扬的粉尘会影响到附近居民的身体健康，诱发呼吸道疾病。同时，厂区内的重型器械设备在运转工程中也会产生一定的噪声，也会影响附近居民的正常生活，重则会损伤人的听觉器官，引起神经衰弱等问题。预制构件厂在生产和运营过程中经常会对周围的环境造成一定程度的噪声污染，水源污染以及对植被和土壤的破坏，产生的废渣废气也是当今重大的污染来源。工程建设阶段以及建成后的运营阶段都会给周围的自然生态环境带来或多或少的影响。

4）基础设施

基础设施指的是为工厂正常运转、生产顺利进行提供的保障性设施，是生产活动正常开展的基础。构件厂选址主要考虑通信设施、三供（水、电、气）能力以及生产废弃物处理能力。另外，在建设初期，工厂的建设工作肯定需要依靠充足的电力、水资源和天然气以及相关的给水排水基础设施、通信通畅，拥有先进的设施配套工具和器械，挖方的新土能够得到快速处理，能及时应对突发事件，使得企业可以进场后迅速开发建设。

5）自然条件

建筑工业化预制构件厂应以自然条件因素对建成后的器械运作和生产运营行为的影响为参考依据进行选址。为避免在不良区域建成厂区带来生产运营和产品堆放的种种问题，选址将只能考虑适宜场地，对于不适宜建厂的场地和禁止性场地必须及时否决。自然条件因素包括的概念较多，其中气候、地形、地质及水文是选址经常需要考虑到的因素，构件厂建厂时上述自然条件因素应予以考虑。具体如下：

（1）气候条件

理论上，选址过程中应将温度、降水、霜期、风力等气候条件，结合预制构件和预制构件厂的特性进行充分考虑，例如温度可能会影响预制构件的养护时间。但若选址项目所处的辖区较近，气候条件可以近似认为相同，符合建厂标准即可。

（2）地形条件

预制构件厂应建设在地势位置相对平坦的地段，并且所选取的区域应以方形为宜，较高的坡地不能作为备选方案。具体要求如下：

①能满足生产工艺流程和运输布置的要求，并有适当的发展余地；

②不受洪水、海潮等自然灾害的影响和大型水库溃坝的威胁；

③厂址外形尽可能简单，地形坡度不要太大，以减少石方工程量；

④对选矿、水泥、化工、食品厂等生产工艺要求利用山坡地形建设生产工艺过程的砂浆、液渣等靠重力实现自流而降低生产费用；

⑤不占或少占耕地和林地，少拆迁民房或其他建筑。

（3）地质条件

生产线或台模生产的预制构件会堆放在厂区空旷空间，这就要求堆放的地面能够承受单方重量为几吨甚至十几吨的预制构件。松土层和淤泥质土质的承载能力不好，在堆放时地面容易出现裂纹，甚至是塌陷的后果，因此在选址时应避开松土层和淤泥质土质的地方，具体要求如下：

①岩土的地基容许承载力应能满足工程要求，一般不宜低于 $10t/m^2$；对于有较大荷载的工厂，不宜低于 $15t/m^2$；

②避免因工程地质、水文地质问题造成基础工程复杂化；

③应在地震烈度 9 度以下地区选厂；

④避免在三级以上湿陷性黄土地区、一级膨胀土地区、岩溶、流沙等工程地质恶劣地区以及滑坡、泥石流等直接危害地区选厂。

（4）水文条件

预制构件厂和其他机械工厂一样，在选址时应查阅备选区域内近几十年的相关水文资料。对于常年泛滥的江河湖等水域，选址时必须予以排除。

①不宜建厂的场地包括：

场地内有池塘或古河道且其建成后的位置处于今后安置流水线或预制模台以及堆放产成品位置的；

场地内浅层土质为沉积形成的抗剪强度较低的淤泥质土，或土质蓬松的流沙地带；

场地地下有水溶洞，有开采价值的矿床的；场地内有古墓地且难以通过协的方式进行迁移的；

场地地形不太平整需要大量土方工程量进行填平处理的，或地表土层下基岩。

②禁止建厂的场地包括：

生活饮用水源的卫生防护带内；

有开采价值的矿床上；

地下有溶洞、古墓、古井、坑穴砂井、砂巷等地段，泥石流、滑坡等直接危害地段；

爆破危险范围内；

不能确保安全的水库、尾矿库、废料堆场的下方；

对飞机起降、电台通信、电视传输、雷达导航、天文气象、地震观察、重要军事设施等规定的影响范围内；

传染病、地方病等流行地区；

场地附近有国家规定的文物风景区、古迹保护区、森林保护区以及自然保护区等人文景观的；

场地有因地震原因形成断层地形的，或当地地震局已经发布的设防烈度高于九度的地震区的；

离山地距离比较近，雨季容易造成灌水、洪涝以及易导致泥石流、滑坡等直接自然灾害的危险的；

Ⅳ级自重湿陷性黄土、厚度大的新堆积的黄土等工程地质恶劣地区；

其他不宜建厂地区，如由采矿等形成的山体崩落、滚石和飘尘等严重危害地段。

③地块情况包括：

地块情况是对当前地块的详细描述，包括地块的已经开发的程度，地块的用地性质以及地块的形状、面积等物理性质。地块情况的各项子指标对于工程的选址和建设有一定的指导作用，宏观地把握地块情况可以减少规划设计与现实情况之间的冲突。

除上述因素外，建厂选址尚应综合考虑以下几方面的要求：

1. 对水源条件的要求

1）对用水量不大的工厂，应能选用城市供水，不必修建专用取水设施；

2）对用水量大的工厂，应尽可能靠近河流、水库等地面水源，以便自建专用设施取水；

3）水质能满足生产的要求。

2. 对交通运输条件的要求

1）与厂外公路、铁路、码头连接方便，交通运输建设工程量尽量小；

2）运输方便、畅通、便捷。

3. 对动力供应条件的要求

1）工业电源和其他动力的来源可靠；

2）工业电源和其他动力的线路连接方便。

4. 对生活福利设施条件的要求

1）生活区应与厂区同时选定，生活区应不受工厂污染物排放的影响，并与厂区有一定的卫生防护距离；

2）生活区应符合城镇规划的要求；

3）生活区要尽量靠近城镇及交通便捷地区，便于利用城镇的文化福利设施，解决社会依托问题。

5. 对协作条件的要求

1）在维修设备、公用工程、交通运输、仓储及其他设施方面，与所在城镇或相邻企业具有协作的可能性；

2）在商业、服务、教育、消防、安全等方面，能利用当地的现有条件。

6. 对安全防护条件的要求

1）易燃、易爆和有毒产品的生产地点，应远离城镇和居民区；

2）符合城镇对人防设施的要求；

3）符合城镇对生产、防震、消防、安全、卫生等方面的要求。

7. 对排污条件的要求

1）厂址的方位、地形等要有利于污染物的排放与扩散；

2）废料堆置场距工厂废料排出点不宜过远，且应位于工业场地和居住区常年最小频率风向的上风侧和生活用水的下游；

3）废料堆场的地形和地质条件应有利于废料的堆置和稳定，应尽量选择具有某些天然屏障的山谷、凹地等；

4）对环境保护有影响的工业建筑，必须按有关环保规定，落实"三废"防治措施。

2.2.2 城市轨道交通车站装配式构件厂总平面设计

预制构件厂的设置需考虑预制构件生产经营的经济性，如预制构件的年生产规模及能力、预制构件运输的经济性等相关因素，同时要充分满足构件生产环节各个功能区域的要求，如构件制作工艺路线、构件场内物流通道、满足生产能力的产线空间规划、构件仓储能力以及各个辅助配套设备功能区域等。某 PC 构件厂全局布置示意图见图 2.2-1。

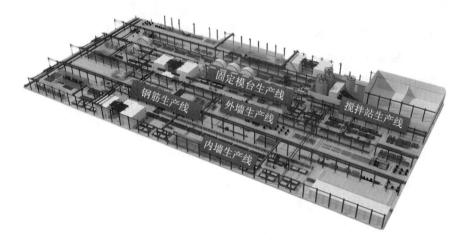

图 2.2-1　某 PC 构件厂全局布置示意图

根据行业内平均偏上的产能和产线设备配置要求，PC 构件厂较理想的地块宜为边界规整的矩形，面积为 85000～110000m²，且长边长度不小于 350m。厂区内主要建（构）筑物包括：生产车间、办公（研发）楼、生活配套用房、生产辅助用房、原材料储存区、试验室、废料仓、门卫室、成品堆放区、地磅等。在整个厂区面积中，生产车间面积约占 30%，成品堆放区面积占 35%～40%，办公及生产、生活配套面积占 5%～10%，其余为绿地和道路。厂区规划布局应在满足容积率、建筑密度和绿地率指标的基础上，充分利用土地面积。厂区内交通走向应明确、通畅。为满足最长的成品运输车辆（17m）转弯半径，厂区内物流道路宽度通常不小于 8m，人流路线道路宽度不小于 6m。物流路线与人流路线应分开设置：原材料（砂石、水泥、钢筋、钢材等）、外协加工成品的进货物流和车辆路线为一条物流路线；成品堆场的成品出货物流和车辆路线为另一条物流路线。工人、管理人员、参观学习人员（含非机动车、小汽车、客车）等进出厂区的路线为人流路线。厂区内应配置满足规划条件要求的足量停车位，且绿地面积应满足规划绿地率要求，通常为 10%～20%。绿地率相对提高，可使厂区整体更舒适、美观。

2.3　城市轨道交通车站装配式构件厂主要生产区域设计

2.3.1　原材料存储区设计

1. 建筑材料存储一般要求

1）建筑材料的堆放应当根据用量大小、使用时间长短、供应与运输情况确定，用量大、使用时间长、供应运输方便的，应当分期分批进场，以减少堆场和仓库面积；

2）施工现场各种工具、构件、材料的堆放，必须按照总平面图规定的位置放置；

3）位置选择应恰当，要考虑与生产车间的距离，一般选择靠近生产车间设置，便于运输和装卸，应减少二次搬运；

4）地势较高、坚实、平坦，回填土应分层夯实，要有排水措施，符合安全、防火的要求；

5）应按照品种、规格堆放并设置明显标牌，标明名称、规格和产地等；

6）各种材料物品必须堆放整齐。

2. 不同材料堆放具体要求

1）夹板堆放要求：上盖下垫，硬化地面及不积水，堆放限高≤2m；

2）木枋堆放要求：上盖下垫，硬化地面及不积水，堆放限高≤2m；

3）钢管堆放要求：场地为硬化地面，不积水，堆放限高≤2m，对生锈的钢管必须刷防锈漆进行保护；

4）螺栓拉杆堆放要求：场地为硬化地面，不积水，上盖下垫，堆放限高≤1.2m，采用搭钢管架子堆放限高≤2m，对生锈的螺栓拉杆必须刷防锈润滑油进行保护。

5）模板半成品堆放要求

（1）场地为硬化地面，不积水，在集中加工场旁设置模板半成品堆场，不同尺寸的模板用钢管分隔开，每种尺寸模板分别挂醒目的标识牌，堆放限高≤2m。

（2）模板半成品堆放标识牌：分别标注清楚堆放长度、堆放宽度、堆放限高≤2m、材料编号、材料尺寸、使用部位。

6）夹板木枋周转材堆放要求：场地为硬化地面，不积水，周转材要分类堆放，堆放限高≤2m。

7）钢管周转材堆放要求：场地为硬化地面，不积水，堆放限高≤2m。

8）条形捆扎钢筋原材料堆放要求

（1）场地为硬化地面，不积水，不同型号的钢筋用槽钢分隔，每种型号钢筋分别挂醒目标识牌，堆放限高≤1.2m。

（2）条形捆扎钢筋原材料堆放标识牌要求：标注清楚生产厂家、型号、规格、炉（批）号、生产日期、进货日期、检验日期、检验编号、检验状态、责任人；堆放限高≤1.2m。

9）圆盘钢筋堆放要求

（1）场地为硬化地面，不积水，每种型号的钢筋分别挂醒目的标识牌。

（2）条形捆扎钢筋原材料堆放标识牌要求：标注清楚生产厂家、型号、规格、炉（批）号、生产日期、进货日期、检验日期、检验编号、检验状态、责任人；堆放限高为一卷高。

10）钢筋集中加工堆放要求：场地为硬化地面，不积水，在集中加工场旁设置原材料及半成品堆场，分类堆放，不同型号或不同规格的钢筋分别挂醒目的标识牌。

11）钢筋半成品堆放要求

（1）场地为硬化地面，不积水，不同型号及不同规格的钢筋半成品分别堆放，分别挂醒目的标识牌，堆放限高 ≤ 1.2m。

（2）钢筋半成品堆放标识牌要求：标注清楚堆放长度、堆放宽度、堆放限高 ≤ 1.2m、型号、规格。

12）楼层作业面半成品钢筋堆放要求：分类堆放、堆放限高 ≤ 1.2m。

13）砂堆放要求：场地为硬化地面，不积水，三边设置不小于 20cm 厚、0.8m 高的砖墙挡隔，防止砂子跟其他材料交叉污染，堆放高度不能超过砖墙高度。建议采用混凝土预制块代替砖砌矮墙。

14）碎石堆放要求：场地硬化地面，不积水，三边设置不小于 20cm 厚、0.8m 高的砖墙挡隔，防止碎石跟其他材料交叉污染，堆放高度不能超过砖墙高度。建议采用混凝土预制块代替砖砌矮墙。

15）水泥存放要求

（1）水泥存放须设置水泥专用仓库，库房要干燥，地面垫板要离地 30cm，四周离墙 30cm，堆放高度 ≤ 10 袋，按照到货先后依次堆放，尽量做到先到先用，避免存放过久。

（2）水泥堆放标识牌要求：标注清楚生产厂家、强度等级、数量、批号、生产日期、进货日期、检验日期、检验编号、检验状态、责任人、堆放限高 ≤ 10 袋。

16）垃圾池分类要求：分别划分为木件垃圾池、钢件垃圾池、混凝土制品垃圾池、可回收垃圾池、不可回收垃圾池五大类。

垃圾池制作要求：砌砖再抹灰，周边设置有效排水沟，保持垃圾池不积水，垃圾池限高 ≤ 1.5m、宽 3m、长 3m（宽度及长度可根据垃圾量多少适当放大或缩小）。建议采用钢制成品垃圾池。

垃圾池堆放要求：定期清理，保持垃圾堆放高度不超过废料池的砖墙高度。

3. 建筑材料存储区面积计算方法

计算构件厂原材料存储区的规划面积，一般可以采用以下方法：

1）根据原材料种类和数量，确定每种原材料所需的存储空间。可以根据每种原材料的体积、重量等因素，计算其所需要的存储空间。例如，对于散装原材料，可以根据每吨原材料所占的空间计算需要的存储面积；对于罐装原材料，则需要考虑每个罐子的尺寸和数量。

2）根据原材料的存储方式，确定存储区的布局和尺寸。例如，对于堆积存放的原材料，需要考虑最大可堆高度和间距等因素；对于架式存放的原材料，需要考虑货架的高度、深度和宽度等因素。

（1）水泥、砂、碎石所需的存储面积计算公式可以按照以下步骤进行：

首先，确定所需存储的水泥总量，单位可以是 t 或 m³。

然后，确定每堆水泥的储存高度，通常为 2～3m。

接着，根据所选用的储存方式，计算出每堆水泥的储存面积。例如，如果使用圆形筒仓，则每堆水泥的储存面积为 πr²，其中 r 为筒仓的半径；如果使用长方形平库，则每堆水泥的储存面积为长 × 宽。

最后，根据所需存储的水泥总量和每堆水泥的储存面积，计算出所需的总储存面积。

综上所述，水泥所需存储面积的计算公式为：

（水泥/砂子/碎石）所需的存储空间 =（水泥/砂子/碎石）总量 × 储存高度 ÷ 每堆（水泥/砂子/碎石）的储存面积。

（2）堆放钢筋所需的存储面积计算公式可以按照以下步骤进行：

要计算堆放钢筋所需的面积，需要知道以下信息：钢筋的数量、钢筋的长度、钢筋的直径、堆放钢筋的方式。

假设，我们有 N 根长度为 L 米的钢筋，我们可以按照以下步骤计算所需的面积：

首先，计算每根钢筋占用的面积。钢筋通常是圆形或方形的，可以使用以下公式计算其面积：

对于圆形钢筋：面积 = π ×（直径/2）²

对于方形钢筋：面积 = 边长²

根据钢筋数量和每根钢筋占用的面积，计算总面积。总面积等于每根钢筋占用的面积乘以钢筋的数量：

总面积 = 每根钢筋占用的面积 × 钢筋数量

如果钢筋是成行或成堆堆放的，需要考虑钢筋之间的间隙。可以将每根钢筋占用的面积加上一个间隙面积，例如每根钢筋周围留出 5cm 的间隙，就可以使用以下公式计算每根钢筋的实际占用面积：

实际占用面积 = 每根钢筋占用的面积 + 2 × 0.05L

再将每根钢筋的实际占用面积相加，即可得到实际所需的总面积。

实际总面积 = 每根钢筋实际占用面积 × 钢筋数量

注意：这个计算公式是一个基本的近似值，实际情况可能会有所不同，例如堆放方式、钢筋形状、间隙大小等因素，会影响所需的面积。

3）考虑通行空间的要求，确定存储区内的通道和空隙大小。例如，需要留出足够的空间，让叉车和工人通过。

存储区的通行空间的尺寸要求通常遵循国家和地方的相关建筑规范与安全标准。以下是一些常见的建议：

（1）钢筋堆放区通行的空间要求：

钢筋堆放区通行空间的宽度应不小于1.5～2m,并保证钢筋堆放高度不超过2m。如果钢筋堆放高度超过2m,则通行空间的宽度应不小于2～2.5m。

（2）混凝土原材料堆放区通行空间要求:

混凝土原材料堆放区通行空间的宽度应不小于2～3m,并保证混凝土原材料堆放高度不超过2m。如果混凝土原材料堆放高度超过2m,则通行空间的宽度应不小于2.5～3m。

（3）叉车通行空间需求:

叉车通行空间的要求取决于叉车的类型、尺寸和载重能力等因素。一般来说,叉车的通行空间应满足以下要求:

宽度要求:叉车通行的道路宽度应该大于或等于叉车本身的宽度加上操作空间和安全距离。通常,建议的叉车通行道路宽度为叉车本身宽度的1.5～2倍,最小宽度不得小于叉车本身宽度的1.2倍。

高度要求:叉车通行的道路高度应该足够高,以确保叉车和其载货物的高度能够轻松通过,并避免与通行道路上方的障碍物发生碰撞。一般来说,叉车通行道路的高度应该比叉车和其载货物的高度高出至少30cm。

转弯半径要求:叉车通行道路的转弯半径应该能够容纳叉车的转弯半径。一般来说,叉车的转弯半径比较小,因此需要保证通行道路的转弯半径足够宽敞,以允许叉车在其中完成转弯操作。

载重要求:叉车通行道路应该能够承受叉车及其载货物的重量。一般来说,叉车的载重能力较大,因此需要保证通行道路的地面和地基结构足够稳固及承重。

需要注意的是,叉车通行道路的尺寸和要求可能会因叉车类型、工作环境、货物类型和堆放方式等因素而有所不同。因此,在设计叉车通行道路时,应根据实际情况进行评估和规划,以确保叉车能够安全、高效地通行。

4）考虑安全和防火措施,例如安装灭火设备、设置安全出口等,根据相应的规定和标准,计算所需的额外面积。

根据上述因素,可以得到以下公式计算构件厂原材料存储区的规划面积:

存储面积 = $\sum$（每种原材料所需的存储空间）+ 通行空间 + 安全空间

其中,$\sum$表示对所有原材料的存储面积求和。

需要注意的是,这只是一个初步的计算公式,应用中还需要根据具体要求和实际情况进行调整。同时,在计算过程中还需要考虑存储区的利用率和可行性,以达到最优的规划方案。

2.3.2 混凝土搅拌区设计

1.混凝土搅拌区规划设计应考虑的因素

构件厂的混凝土搅拌区是一个关键的生产环节,需要规划设计得当,以确保生产过程

的高效性和安全性。以下是一些关键的规划设计考虑因素:

1) 布局设计:混凝土搅拌区应该位于离原材料和成品储存区足够远的地方,以防止污染。此外,搅拌区应与材料供应区和成品出口相连,以确保顺畅的物流流程。为了最大限度地提高效率,可以考虑在搅拌区周围设置多个料斗,以减少搅拌机器等设备的移动距离。

2) 设备选择:混凝土搅拌区应配备高效的搅拌设备,以确保生产效率和混凝土质量。这些设备应该易于维护和清洁,并应根据生产量的需求进行选择。此外,应选择高品质的混凝土材料,以确保成品质量。

3) 安全设计:混凝土搅拌区是一个高风险的区域,因此必须遵守所有安全标准和规定。应确保所有操作员都接受过相关的培训,并穿戴适当的个人防护装备。此外,应为所有机器设备安装防护设备,以避免操作员接触到旋转部件和其他危险区域。

4) 清洁和维护:为了确保搅拌设备的长期使用寿命和最大化生产效率,混凝土搅拌区应有清洁和维护计划。计划包括定期清洁和检查搅拌机器、料斗和输送带,以确保它们始终保持良好的工作状态。

5) 环境保护:在混凝土搅拌区进行生产活动时,应尽可能减少对环境的影响。例如,可以在生产过程中收集和重复利用水及废弃物,以减少对水资源和土壤的污染。

总之,混凝土搅拌区的规划设计需要综合考虑各种因素,以确保高效、安全和环保的生产环境。

2. 混凝土搅拌区面积规划计算

混凝土搅拌区的面积应根据以下几个方面进行确定:

1) 搅拌设备数量和尺寸

需要确定需要多少台混凝土搅拌机,并根据其尺寸计算出每台机器需要的操作面积。通常可以按照每台搅拌机占地面积为 $15m^2$ 进行初步估算。

2) 物料输送区

需要确定原材料从储存区到搅拌机的输送方式,以及输送设备的数量和尺寸。根据输送设备的具体情况,计算相应的操作面积。

3) 人员活动区

在搅拌区内还需要设置人员活动区,用于存放必要的工具、设备、办公室等。根据具体的需求,计算相应的操作面积。

4) 机器的间距

混凝土搅拌机的间距应该根据具体情况而定,主要考虑以下因素:

(1) 搅拌机的尺寸和形状:搅拌机的尺寸和形状会影响机器之间的距离,因为在操作搅拌机时需要考虑机器的旋转半径、倾斜角度等因素。

（2）搅拌机的数量：如果搅拌机的数量比较多，那么它们的间距就要设置得比较小，以充分利用场地的面积。

（3）工作人员的安全和操作需求：为了保证工作人员的安全和操作的方便性，搅拌机之间的间距应足够大，以确保工作人员能够自由移动，同时也能够方便地对搅拌机进行维护和保养。

一般来说，建议搅拌机的间距应不小于 1.5 倍的搅拌机直径，这样可以保证机器之间有足够的空间，同时也能够满足操作人员的需求。如果场地面积较小，需要设置较小的间距，则应采取其他措施来确保工作人员的安全，例如设置隔离栏、标示警示标志等。

综上所述，可以使用以下公式来计算混凝土搅拌区的面积：

混凝土搅拌区面积＝（搅拌机的长度＋机器间的间距）×（搅拌机的宽度＋机器间的间距）＋人员活动区面积＋物料输送区面积

其中，搅拌机的长度和宽度是指机器的最大尺寸，机器间的间距可以根据具体情况设置，操作员需要的额外空间也应根据具体情况而定。

需要注意的是，为了保证混凝土搅拌区的安全性和高效性，面积应该足够大，同时还需要考虑搅拌机和操作员之间的距离，以及其他安全要求。因此，在计算面积时，建议留出一定的余地。

2.3.3　钢筋加工区设计

为了设计一个高效、安全和符合标准的钢筋加工区，需要考虑以下因素：

1. 空间规划

首先，需要确定加工区的总面积和布局，以及加工机械设备的位置和数量。这可以根据生产需求和设备尺寸来确定。加工区应保持足够的空间，以容纳操作人员和设备，同时需要留出足够的通道和紧急出口，以确保安全。

2. 设备选择

根据生产需求选择适当的钢筋加工设备，用于将原材料进行调直、切断、焊接、弯曲、绑扎等加工，从而提高生产效率和质量，包括钢筋剪切机、钢筋弯曲机、钢筋焊接机、钢筋成型机等。要确保设备的质量、功率和适用性能够满足生产需求，常见的各类钢筋加工设备的型号及尺寸如下：

（1）常见钢筋剪切机的型号及尺寸

钢筋剪切机是一种剪切钢筋所使用的工具，有全自动钢筋切断机和半自动钢筋切断机之分。它主要用于土建工程中对钢筋的定长切断，是钢筋加工环节必不可少的设备。常见的钢筋剪切机型号和尺寸有很多种，以下是一些常见的型号及其尺寸，见图 2.3-1。

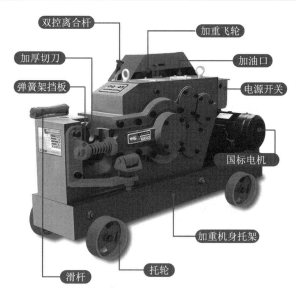

图 2.3-1　钢筋剪切机

GQ40 钢筋剪切机：尺寸为 1240mm×500mm×800mm，最大剪切能力为ϕ40mm 的钢筋。

GQ50 钢筋剪切机：尺寸为 1370mm×580mm×880mm，最大剪切能力为ϕ50mm 的钢筋。

GQ60 钢筋剪切机：尺寸为 1520mm×620mm×950mm，最大剪切能力为ϕ60mm 的钢筋。

GQ70 钢筋剪切机：尺寸为 1670mm×710mm×1050mm，最大剪切能力为ϕ70mm 的钢筋。

GQ80 钢筋剪切机：尺寸为 1880mm×780mm×1150mm，最大剪切能力为ϕ80mm 的钢筋。

GQ100 钢筋剪切机：尺寸为 2050mm×800mm×1250mm，最大剪切能力为ϕ100mm 的钢筋。

（2）常见的钢筋焊接机型号及尺寸

ZWJ-2500 型钢筋自动焊接机：机器尺寸约为 6.2m（长）×2.2m（宽）×2.5m（高），焊接能力为ϕ5～ϕ12mm 钢筋，焊接速度为 20～30 根/min。

ZWJ-5000 型钢筋自动焊接机：机器尺寸约为 11.8m（长）×2.2m（宽）×2.5m（高），焊接能力为ϕ5～ϕ12mm 钢筋，焊接速度为 50～60 根/min。

HZ-40 型电阻焊机：机器尺寸约为 1.5m（长）×1.1m（宽）×1.4m（高），焊接能力为ϕ6～ϕ40mm 钢筋，适用于大型构件的焊接。

SGW12D-1 型数控钢筋弯曲机：机器尺寸约为 3.6m（长）×1.1m（宽）×1.5m（高），适用于ϕ4～ϕ12mm 钢筋的自动弯曲。

（3）常见的钢筋成型机型号及尺寸

钢筋弯曲机为钢筋加工机械之一，工作机构是一个在垂直轴上旋转的水平工作圆盘，把钢筋置于图中虚线位置，支承销轴固定在机床上，中心销轴和压弯销轴装在工作圆盘上，圆盘回转时便将钢筋弯曲。为了弯曲各种直径的钢筋，在工作盘上有几个孔，用以插压弯销轴，也可相应地更换不同直径的中心销轴。常见的钢筋成型机型号及尺寸如下，见图 2.3-2。

图 2.3-2　钢筋弯曲机

GW40 型钢筋弯曲机：机器尺寸约为 1.5m（长）×0.7m（宽）×1.2m（高），适用于 $\phi 4 \sim \phi 40$mm 钢筋的弯曲。

GF20 型数字控制钢筋弯曲机：机器尺寸约为 3.3m（长）×1.2m（宽）×1.9m（高），适用于 $\phi 4 \sim \phi 20$mm 钢筋的数字控制弯曲。

GQ50 型钢筋切割机：机器尺寸约为 2.2m（长）×0.9m（宽）×1.6m（高），适用于 $\phi 6 \sim \phi 50$mm 钢筋的切割。

GT4-14 型钢筋拉直机：机器尺寸约为 3.3m（长）×0.8m（宽）×1.3m（高），适用于 $\phi 4 \sim \phi 14$mm 钢筋的拉直。

（4）钢筋调直机

钢筋调直机主要用来实现在线长度自动快速调节和不同长度钢筋的多任务作业。钢筋调直机的工作原理主要是基于机械力的作用，通过多组轮子和夹具的协作，对钢筋进行牵引、拉伸和旋转，从而达到调整钢筋成直的效果。具体来说，钢筋调直机主要由牵引轮组、压轮组、夹具、电机等组成。工作时，首先需要将需要调整的钢筋放置在调直机的夹具上，然后启动电机，通过机械传动系统驱动多组轮子运转。牵引轮组和压轮组分别起到拉伸和压扁钢筋的作用，这样可大幅度增加钢筋的拉伸性能，从而将钢筋调整成我们想要的形状和大小。有关钢筋调直机的型号每个厂家都会有所不同，总体来说可以分为大型、中型、小型等，应根据采购的厂家的数控钢筋调直机的型号确定其占地尺寸，如某厂家的型号尺寸举例如下：

WQGT8-18 型钢筋调直机，机器尺寸约为 2.8m（长）×0.9m（宽）×1.1m（高），切断直径 8～18mm。见图 2.3-3。

图 2.3-3　数控钢筋调直机照片

（5）数控钢筋弯箍机

数控钢筋弯箍机主要用于自动完成箍筋矫直、定尺、弯箍、切断等工序，连续生产平面形状的产品，其工作原理是采用机械力或液压力将钢筋弯曲成所需的形状。主要包括钢筋输送、定位和弯曲三个步骤：首先，钢筋通过输送系统被送入机器内部；然后，机器通过对钢筋的定位，确保其准确地放置在弯曲位置上；最后，机器施加力量将钢筋按照设定的角度弯曲，完成弯曲加工。一般占地面积为 3m×1.1m，见图 2.3-4。

图 2.3-4　数控钢筋弯箍机照片

（6）钢筋下料机

钢筋下料机主要用于智能控制调直、弯曲、切断、收集等一体化操作，提高钢筋下料的效率，占地面积约为 3.4m×0.8m。见图 2.3-5。

图 2.3-5　钢筋下料机

（7）桁架焊接机

桁架焊接机是用于桁架成型的专用设备，利用焊接电源产生的电弧将钢筋桁架的构件进行焊接。焊接过程中，桁架焊接机会自动进行定位、对接、点焊、焊接等操作，从而实现钢筋桁架的自动生产，用于桁架的钢筋放线、矫直、弯曲、焊接等一次性完成，占地面积约为 40m×6m（长度可调整）。见图 2.3-6。

图 2.3-6　桁架焊接机

（8）钢筋网片焊接机

钢筋网片焊接机的工作原理是采用电阻加热原理和压力焊接技术相结合。具体来说，首先将预先切好的钢筋进行排列，然后通过焊机上的电极，对钢筋进行加热。当钢筋达到一定的温度时，其表面开始融化。接着，通过机器上的压力系统对钢筋进行压力焊接，将钢筋连接在一起形成网片。用于批量化生产钢筋网片，占地面积约为 5.4m×2.2m。见图 2.3-7。

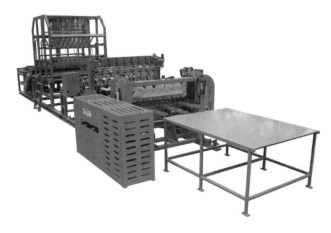

图 2.3-7　网片焊接机

（9）钢筋滚丝机

钢筋滚丝过程主要分为进料、定位、调整滚丝刀、切削等多个步骤。具体而言，首先将需要加工的钢筋送入钢筋滚丝机中，通过驱动装置，使滚丝轮和滚丝刀开始旋转。然后，通过调整滚丝刀的深度和位置，将钢筋表面的一定深度的金属材料切削掉，形成所需的花纹和孔形。主要用于对需要进行机械连接的钢筋滚轧出丝牙，占地面积约为 1.15m×0.5m。见图 2.3-8。

图 2.3-8　钢筋滚丝机

3. 安全设施

钢筋加工区应该设置防护设施，包括防护网、防护栏杆、防滑地面等。同时，应为操作人员提供个人防护设备，如安全帽、手套、耳塞等。

4. 环境设施

加工区应该配备通风系统，确保空气质量，同时要考虑加工设备的噪声和振动。需要定期清洁和维护设备，以确保生产环境的清洁和整洁。

综合考虑以上因素，可以制定一个有效的钢筋加工区规划设计方案，以确保生产的安全和高效。

钢筋加工区面积规划计算见下：

由于构件厂钢筋加工区的规划设计总面积需要考虑的因素较为复杂，因此没有一个固定的计算公式。但可以根据上述提到的考虑因素，综合计算出规划设计总面积。一般而言，可以按照以下步骤进行计算：

根据生产要求，计算出加工区内设备、工作人员等所需的实际生产面积。一般可以采用以下公式：

实际生产面积 = 设备数量 × 设备占地面积 + 人员数量 × 人均占地面积

其中，设备占地面积和人均占地面积需要根据实际情况进行测算。

根据工艺流程，计算出材料的存储区域、加工区域、成品存储区域等的面积。一般可以采用以下公式：

工艺流程面积 = 材料存储面积 + 加工区域面积 + 成品存储面积

其中，材料存储面积、加工区域面积和成品存储面积需要根据实际情况进行测算。

根据安全要求，设置消防通道、安全出口、安全防护区等的面积。一般可以采用以下公式：

安全要求面积 = 消防通道面积 + 安全出口面积 + 安全防护区面积

其中，消防通道面积、安全出口面积和安全防护区面积需要根据实际情况进行测算。

最终，规划设计总面积为三个面积之和：

规划设计总面积 = 实际生产面积 + 工艺流程面积 + 安全要求面积

需要注意的是，以上公式仅供参考，实际计算应根据具体情况进行调整。同时，规划设计总面积还应考虑施工条件、道路交通等因素的影响，以确保施工和运营的顺利进行。

2.3.4　构件生产区设计

要计算 PC 构件厂的构件生产区域规划面积，需要考虑以下几个因素：

生产线数量：需要确定生产线的数量，每条生产线需要的面积是多少。

生产工艺：需要确定生产工艺是否需要特殊的区域，比如洁净室或特殊处理区。

仓储空间：需要确定是否需要在生产区域内设置仓储空间，以及需要多大的仓储空间。

行动空间：需要考虑工人和机器在生产区域内需要的行动空间，以及他们之间的安全距离。

管理办公区域：需要确定管理办公区域的面积，包括生产计划、质量控制、人力资源管理等。

因此，计算 PC 构件厂的构件生产区域规划面积，需要综合考虑以上因素。一般而言，可以根据生产线的数量和工艺要求来初步估算生产区域的面积，再加上仓储空间、行动空间和管理办公区域的面积，得出总体的规划面积。

具体计算方法可能因工厂的具体情况而有所不同，建议寻求专业规划师的帮助，以确保计算的准确性和合理性。

1. 构件厂生产线的种类介绍

PC 构件的生产系统有多种分类方法，Warszawski 学者早在 1982 年的研究中提出，预制构件生产按照产品长短期特征可分为长期生产系统和短期生产系统。其中，短期生产大多针对定制化、个性化产品的生产加工；长期生产则面向一般项目的预制构件生产。预制构件生产按照生产组织方式，则可以分为固定生产方式和移动式生产方式。模具是预制构件生产过程中的主要生产资源，在固定生产方式下，模具位置固定，工人、其他生产设备移动来完成不同工序的操作；而移动生产方式中模具会随着加工工序变化而沿线移动，每个工序由其固定位置的专业工人完成，即经典的生产线生产模式，生产线工序及相应设备布置如图 4.4-1 所示。其中，移动式生产模式生产效率更高、更适合复杂生产系统。在预制构件实际生产中，应用前景也更为广泛。见图 2.3-9。

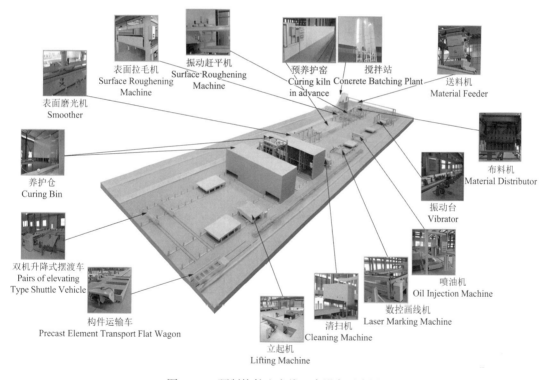

图 2.3-9　预制构件生产线工序设备示意图

不同厂家的生产线，构件的生产流程、生产工艺也不同。目前，我国以传统固定模台生产线、移动式模台生产线、设备移动模台固定生产线和长线台生产线四种生产方式为主，无论是固定模台生产方式还是移动模台生产方式都有自身的弊端，现有自动化生产方式由传统固定生产方式演变而来，生产工艺经过改进优化，使得预制构件产能得以增加，能耗得以降低。见图 2.3-10～图 2.3-13。

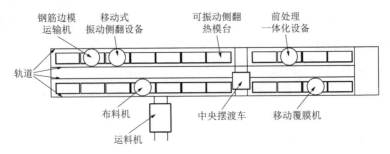

图 2.3-10　可扩展长线台座法布局示意图

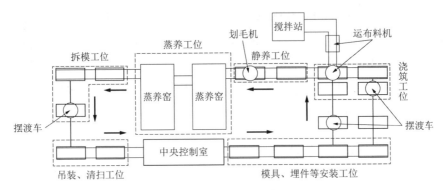

图 2.3-11　平模流水式 PC 生产线布局示意图

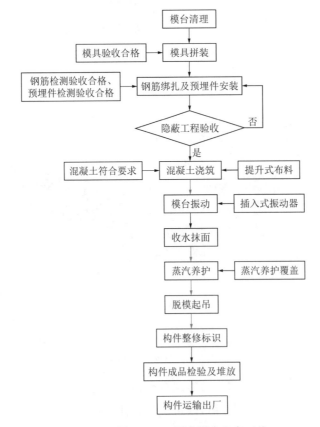

图 2.3-12　固定模台生产工艺

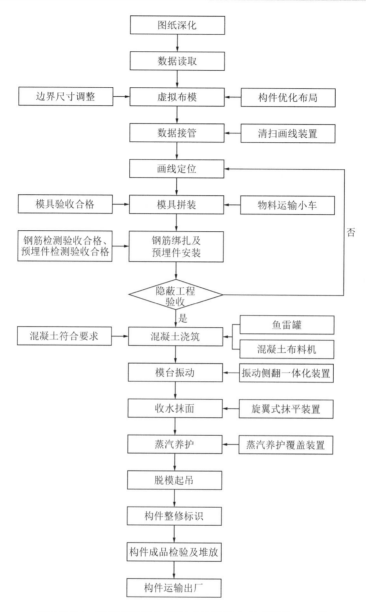

图 2.3-13　设备移动模台固定式长线座生产车间生产工艺

2. 构件厂生产区面积规划计算

可以考虑以下步骤来计算 PC 构件厂的生产区面积：

1）确定生产流程：根据生产计划和生产流程，确定生产线和设备的布局和尺寸。

2）制定设备间距：根据设备的尺寸和生产流程，制定设备间的间距和通道宽度。

3）确定人员数量：根据生产计划和生产流程，确定需要多少操作人员和维护人员。

4）规划办公区：根据管理和行政工作区域、员工休息区域等，规划办公区域。

5）综合考虑：根据生产流程、设备尺寸、人员数量、环境要求等因素，综合考虑确定生产区域的面积。

2.3.5　构件堆放区设计

1. 构件堆放区规划设计原则

在构件工厂规划布局中，宜将构件成品堆场与生产车间看作一个整体进行布局，是工厂总平面设计的核心，对工厂的总体布局具有决定性的作用。

1）堆场一般布置在生产区的中心地带，所在位置应地势平坦，地下及空中均不应有任何妨碍车辆通行的障碍物，如地下管线、空中高压线等。

2）构件堆场与生产车间的位置根据可利用土地的具体状况，可以采用横向并列布置，也可以纵向水平连续排列布局。堆场与生产车间之间不应存在任何建筑物、构造物，应紧密接壤。

3）车间与堆场标高不宜有明显高差，或高差不影响轨道车运输构件，保证构件转运时的安全性和高效性。同时，堆场的位置应靠近市政道路并能够直接相通，有利于成品运输大门的设置，确保成品构件外运的方便性，也能减少再修道路的费用。

4）构件堆场的面积在可利用的土地范围内尽可能最大，提高构件存储量；在进行堆场规划时，堆场面积不应小于生产车间的面积，堆场面积是车间面积的 1.5～3 倍为宜。

5）构件堆场根据实际情况，可设置固定式构件存储架或可移动式构件存储架。根据构件的存储特点，也可以选择双层存储工装。

6）堆场起重吊运设备通常配置门式起重机，也可以配置桥式起重设备，起重机数量、起重量和起升高度等可根据堆场的面积及构件装卸车的方式进行选择。起重设备的供电应优先采用架空滑线或脱缆的方式，室外行车配电箱的防护等级不应低于 IP54。

7）堆场在规划设计过程中，应对运输车辆通道进行规划，确保通行顺畅、装卸方便，并与构件外运道路等高效衔接，确保构件外运顺畅、安全。

8）堆场地面应依据产品种类、堆放形式等因素进行硬化处理，基础处理可靠，不得产生严重沉降和变形。承载能力应满足重型车辆承载能力；堆场应有适宜的坡度，也可设立排水槽，宜设置在两台吊装设备之间，便于雨水顺利排出。门式起重机轨道的坡度不宜大于 3‰，应采用条形基础，不得产生严重沉降和变形。堆场排水宜采用排水沟排水。

2. 构件堆放区规划设计步骤

混凝土预制构件厂的构件堆放区面积设计通常需要考虑以下步骤：

1）确定堆放构件的类型和数量

根据生产线类型和产品类型确定需要堆放的构件类型和数量，这将决定堆放区面积的大小。

不同类型的构件（如梁、柱、板等）需要不同的堆放方式和堆放密度，因此首先需要对不同类型的构件进行分类；同时，构件的长度、宽度、高度等尺寸也会影响堆放密度，因此需要测量或掌握不同构件的尺寸。

2）确定构件堆放方式和高度

根据构件类型和生产工艺，确定构件堆放方式与高度，以确保构件的稳定性和安全性。构件的堆放方式可以是单层平铺、叠放或多层放置，堆放区的高度也需要考虑，高度过高可能会导致构件倒塌或不稳定，不同的堆放方式会影响堆放区的面积计算。

3）计算单个构件的堆放面积和堆放间距

根据构件类型和堆放方式，计算单个构件的堆放面积和堆放间距。堆放面积包括构件的长度和宽度，堆放间距应留出足够的空间，一方面为了避免构件间相互碰撞或压坏，需要在堆放时保留一定的安全间距；另一方面，便于搬运和维护。

4）计算总的堆放面积

根据构件数量、单个构件的堆放面积和堆放间距计算总的堆放面积。

5）考虑特殊因素

在计算总的堆放面积时，需要考虑特殊因素，如道路、排水沟、消防通道等占用的空间。

6）设计堆放区布局和大小

根据计算得到的总的堆放面积和特殊因素，设计堆放区的布局和大小，以确保堆放区的安全和有效利用。

需要注意的是，在设计堆放区面积时，需要遵守相关的安全标准和法规，确保堆放区的安全性和可靠性。同时，应定期对堆放区进行维护和检查，以确保其正常运行。

2.3.6　试验区域设计

装配式混凝土预制构件企业试验室应配备能满足检验工作需要的试验人员，试验人员数量不应少于 5 人。

试验室应设置试验室主任、试验员、样品管理员、设备管理员、资料员、信息管理员等基本岗位，各个岗位的主要职责如下：

1. 试验室主任

1）负责试验室质量管理手册的编写、修订，并组织实施；

2）全面监督质量管理体系的有效运行，发现问题及时制定预防措施、纠正措施及跟踪验证，持续改进管理体系；

3）确定试验室各岗位人员的职责；

4）负责组织、指导、检查和监督试验室人员的工作；

5）负责确定各试验项目所需设备的计量特性、规格型号，组织设备的采购安装；

6）负责试验室人员培训计划的落实；

7）编制作业指导书、试验计划等技术文件；

8）负责组织产品配合比设计、试配、调整和验证，并保证生产时正确使用产品配合比；

9）监督收集有关标准的最新版本，并及时更新检测方法和资源配置；

10）批准试验设备台账、档案和周期检定（校准）计划，并监督执行；

11）负责质量事故的调查与处理，并编写事故报告；

12）检查督促试验室各岗位责任落实情况，确保生产过程质量处于受控状态。

2.试验员

1）熟悉相关技术标准和试验操作程序；

2）掌握所用仪器设备的性能、维护保养和正确使用；

3）按规定试验方法对分管的项目进行检验；

4）做好检验原始记录并签名；

5）负责所用仪器设备的日常保管、正确使用、维护保养，并做好相关记录；

6）负责汇总及整理相关检验原始记录；

7）在相应检验报告上签字；

8）负责工作场所的环境卫生工作。

3.样品管理员（可兼任）

1）按标准有关要求负责样品的封存保管；

2）接收样品时应记录样品状态，并做好记录；

3）当样品不符合有关规定要求或出现异常情况时（包括状态和封签），负责上报试验室主任；

4）负责样品的标识及分类管理；

5）负责保持样品容器的清洁完好；

6）负责样品室管理，确保环境条件符合样品的贮存要求；

7）按有关管理规定负责样品到期处理。

4.设备管理员（可兼任）

1）协助试验室主任确定各试验项目所需设备的计量特性、规格型号，参与设备的采购安装；

2）负责按计划做好设备的周期检定（校准）工作；

3）负责对设备状态的标识并及时更新；

4）做好设备状况的检查，督促试验人员按操作规程操作及做好使用记录，并负责仪器设备的报修及确认；

5）指导、检查试验室正确使用法定计量单位。

5.资料员（可兼任）

1）负责检测信息和各相关档案管理工作；

2）督促有关部门和人员做好各相关记录的编写、收集、整理、保管，保质、保量按期移交归档；

3）负责内外有关部门相关资料的收集、登记、传达、传阅、借阅、整理、分类、保管、归档、销毁等管理工作；

4）负责有效文件的发放和登记，并及时回收失效文件；

5）负责及时整理、录入、统计检验数据与检验报告的打印和发放；

6）按规定负责对过期资料的销毁；

7）负责档案室的防火、防蛀、防盗工作。

6. 信息管理员（可兼任）

1）建立和维护计算机局域网，做好网络设备、计算机系统软、硬件的维护管理；

2）负责试验室管理信息系统的管理工作，确保网络正常连接，准确、及时上传检验数据；

3）采取必要措施，防止计算机网络受到病毒的侵袭；

4）管理及维护相关信息管理系统中本单位的配置信息，如单位基本信息、设备信息、检验方法等；

5）管理及规划计算机网络资源，根据用户的权限创建及管理用户；

6）制定数据备份方案并按方案实施备份工作；

7）对试验室计算机用户进行必要的培训，指导用户正确使用信息管理系统，并提供技术支持。

同时，试验室应配备与检验项目相适应的仪器设备，常见设备需求见表 2.3-1。

实验室需配备仪器设备表　　　　　　　　　　表 2.3-1

序号	设备名称	备注
1	水泥压力试验机（300kN）*	测量精度为 ±1%
2	水泥抗折试验机（5000N）*	
3	电热恒温干燥箱*	温度控制范围为 105±5℃
4	比表面积仪*	勃氏比表面积透气仪
5	水泥负压筛析仪*	负压可调范围为 4～6kPa
6	负压筛（含 0.08mm 和 0.045mm 筛）	
7	水泥净浆搅拌机*	符合《水泥净浆搅拌机》JC/T 729 的要求
8	水泥标准稠度、凝结时间测定仪	
9	雷氏夹	
10	煮沸箱*	
11	雷氏夹膨胀值测定仪	
12	水泥胶砂搅拌机*	
13	水泥胶砂振实台*	
14	水泥胶砂流动度测定仪*	
15	水泥标准试模	
16	水泥恒温恒湿标准养护箱	
17	水泥抗压夹具	受压面积 40mm×40mm

续表

序号	设备名称	备注
18	万分之一分析天平*	分度值为 0.0001g
19	天平	分度值分别为 1g、0.1g、0.01g
20	电子秤	100kg
21	容积升全套	1L、2L、5L、10L、20L、30L、50L
22	马弗炉*	
23	钢直尺	
24	秒表	
25	游标卡尺	
26	砂、石标准筛	砂标准筛：公称直径为 10.0mm、5.00mm、2.50mm、1.25mm、630μm、315μm、160μm 的方孔筛各一只；石标准筛：筛孔公称直径为 100.0mm、80.0mm、63.0mm、50.0mm、40.0mm、31.5mm、25.0mm、20.0mm、16.0mm、10.0mm、5.00mm 和 2.50mm 的方孔筛，以及筛底盘和筛盖各一只，筛框直径为 300mm
27	砂、石振筛机*	
28	波美比重计	
29	截锥试模	
30	pH 值测定仪*	
31	压碎指标测定仪	
32	碎石针片状规准仪	
33	混凝土搅拌机	
34	混凝土坍落度筒	
35	压力泌水仪*	
36	贯入阻力仪*	
37	混凝土拌合物含气量测定仪*	
38	压力试验机（2000kN 或 3000kN 或 5000kN）*	测量精度为±1%
39	混凝土抗折试验机（50kN）	测量精度为±1%
40	混凝土振动台	
41	混凝土抗压、抗折、抗渗标准试模	
42	混凝土抗渗仪*	
43	标准养护室温湿度控制系	
44	万能试验机（300kN、600kN、1000kN）*	
45	钢筋标点仪	
46	卷尺	5m
47	靠尺	2m
48	塞尺	

注：带"＊"的设备应编制操作规程，并填写使用记录。

试验室应具备与检验项目及参数相适应的试验场地，并按功能对试验场地进行布置，并设置平面示意图。试验场地的设置应充分考虑安全、环保、便利等因素，且满足检验工作要求，各检验功能区的设备布局应与检验流程相协调，减少对检验工作的不利影响。一般试验区域宜设置胶凝材料室、骨料室、试配室、标准养护室、力学室、天平室及留样室等检验功能分区，各分区的面积及温湿度要求如表 2.3-2 所示，检验功能区总面积不宜少于 200m²。

试验区域各检验功能区面积与温湿度要求　　　　　　　　　　表 2.3-2

序号	检验功能区		场地面积 （不宜小于，m²）	温度要求	湿度要求
1	凝胶材料室		20	20±2℃	≥50%
2	骨料室		25	20±5℃	—
3	留样室		25	—	—
4	试配室	混凝土	30	20±5℃	—
		砂浆	20		—
5	力学室	混凝土	30	20±5℃	—
		砂浆	20	20±5℃（抗压强度）	—
				20±5℃（拉伸粘结强度）	45%～75%
				20±2℃（收缩）	（60±5）%
6	标准养护室	混凝土	50	20±2℃	≥95%
		水泥胶砂		20±1℃	水中养护
		砂浆	10	20±2℃	≥90%
7	天平室		5	20±2℃	—

2.4　城市轨道交通车站装配式构件厂电气及自动化

2.4.1　供配电设计及需求

PC（预制构件）厂供配电设计原则通常遵循以下原则：

1. 安全性原则

供配电设计必须确保系统的安全性。这包括选择符合国家标准和规范的电气设备、正确的电线和电缆规格以及合适的保护装置。所有供配电设计必须符合国家相关的电气安全法规和规范。

2. 可靠性原则

供配电设计应确保系统的可靠性，以保障设备和建筑物的正常运行。这包括合理选择供电设备和配电设备，以及考虑电网负荷、备用电源和电力系统冗余等因素，以应对可能的故障和停电情况。

3.高效性原则

供配电设计应追求高效能的能源利用和低损耗。这可以通过选择高效率的电气设备、合理的线路规划和负载管理来实现。同时，还应考虑供配电系统的节能和环保因素，鼓励使用可再生能源和节能技术。

4.可扩展性原则

供配电设计应具备一定的可扩展性，以适应未来建筑或设备的扩建和改造。设计应考虑到未来可能的用电负荷增长，预留一定的电容量和配电空间，并留下扩容的余地，以减少后期改造的成本和影响。

5.经济性原则

供配电设计应在经济可行的范围内进行。设计应考虑到设备和材料的采购成本、施工和维护成本，并在保证质量和性能的前提下，尽量控制总体投资和运营成本。

6.规范性原则

供配电设计必须符合国家与行业的相关规范和标准。这包括国家电气设计标准、建筑电气设计规范以及行业协会的相关指南和要求。供配电设计师应熟悉并遵守这些规范，以确保设计的合规性和可操作性。

需要注意的是，供配电设计原则可能会因具体项目、建筑类型、设备要求和当地法规等因素而有所不同。因此，在实际设计中，还需要根据具体情况进行综合考虑和定制化设计。

2.4.2 照明设计及需求

构件厂的照明应按照《建筑照明设计标准》GB/T 50034 规定的照度进行设计，并要考虑功率密度值的要求。

同时，应根据视觉要求、作业性质和环境条件，合理选择和配置光源、灯具，使工作区或空间具备合理的照度、显色性和适宜的亮度分布。

2.4.3 防雷设计及需求

构件厂区的防雷设计，应根据地质、地貌、气象、环境等条件和雷击活动规律以及被保护物的特点等，因地制宜地采取防雷措施。防雷设计应做到安全可靠、技术先进、经济合理及施工维护方便，应充分利用建筑物金属结构及钢筋混凝土结构中的钢筋等导体作为防雷装置。接地装置应优先利用建筑物钢筋混凝土内的钢筋。当不能满足要求时，应补打人工接地极。

2.4.4 自动化控制

工厂内或流水线生产车间内应设置中央控制中心，构件生产宜采用 MES（制造执行系统）管理，负责监控和管理生产的每一个步骤和工序，对生产过程实施监控。宜将 ERP（管理信息系统）管理和 MES（制造执行系统）管理相结合，建立公共信息平台。运用信息及自动化控制技术，实现生产过程的采集、控制、优化、调度、管理和决策，达到增加产量、提高产品质量、降低消耗、确保安全的目的。

2.5　城市轨道交通车站装配式构件厂给水排水设计

2.5.1　给水设计

1. 构件厂给水系统构成

建筑给水也称室内给水，是指通过引入管将室外给水管网的水输送到室内的各种用水设备、生产机组和消防设备等用水点，并满足各用水点对水质、水量、水压的要求。

建筑内部给水系统按照用途可分为：生活给水系统、生产给水系统、消防给水系统和共用给水系统四类。

1）生活给水系统

（1）生活给水系统包括供民用住宅、公共建筑以及工业企业建筑内饮用、烹调、盥洗、洗涤、淋浴等生活用水。

（2）根据用水需求的不同，生活给水系统又可再分为：饮用水（优质饮水）系统、杂用水系统、建筑中水系统。

（3）生活给水要求：水量、水压应满足用户需要；水质应符合《生活饮用水水源水质标准》CJ/T 3020。

2）生产给水系统

生产给水系统是为了满足生产工艺要求设置的用水系统。包括供给生产设备冷却、原料和产品洗涤，以及各类产品制造过程中所需的生产用水。一般情况下，多数的工业企业用水都是由城市给水系统供给，但是工业企业的给水是一个比较复杂的问题。一是工业企业门类众多、系统庞大；二是不仅各企业对水的要求大不相同，而且有些工业企业内部不同的车间、工艺，对水的要求也各不相同。像用水量大、对水质要求不高的工业企业，用城市自来水很不经济，或者远离城市管网的工业企业，或者限于城市给水系统的规模无法满足其用水需求的大型工业企业，就需要修建自己的给水系统；还有一些工业企业对水质的要求远高于城市自来水的水质标准，需要自备给水处理系统，或者工业企业内部对水进行循环或重复利用，而形成自己的给水系统。生产给水系统也可以再划分为：循环给水系统、复用水给水系统、软化水给水系统、纯水给水系统等。

概括起来，工业给水系统有以下几种类型：

（1）直流给水系统

直流给水系统，是指水经过一次使用后就排放或处理后排放的给水系统。该系统适用于水源充足且用水成本较低的情况。从节约资源、保护环境的角度来看，不宜采用这种给水系统。

（2）循环给水系统

循环给水系统，是指水在使用过后经过处理重新回用的给水系统。水在循环使用过程中会有损耗，须从水源取水加以补充，如工业冷却水进行循环使用。随着国家政策的引导、环保意识的增强，循环给水系统的应用已越来越普遍。这种系统能最大限度地节约水资源，减少水污染，在提高企业的经济效益、促进企业的发展和保护环境方面，有着重要的意义。

（3）复用给水系统

复用给水系统，是指依据各车间、工厂对水质高低不同的要求，将水按顺序重复使用。水经过水质要求高的车间、工厂使用后，直接或经过适当的处理，再供给对水质要求低的车间、工厂，这样按顺序重复用水。

工业给水系统水的重复利用、循环利用，可做到一水多用，充分利用水资源，节约用水，减少污水排放，具有较好的经济效益和环境效益。工业用水的重复利用率（重复用水量占总用水量的百分数）反映工业用水的重复利用程度，是工业节约城市用水的重要指标。我国工业企业用水重复利用率普遍较低，平均还不到50%。与一些发达国家相比，还有很大差距。因此，改进生产工艺和设备，以减少用水排水、寻找经济合理的污水处理技术，对提高工业用水重复利用率和工业企业经济效益、环境效益具有重要的意义。

生产给水要求：

因生产工艺不同，生产用水对水压、水量和水质以及其他指标的要求各不相同。

3）消防给水系统

消防给水系统供民用建筑、公共建筑及工业企业建筑中各种消防设备的用水。一般高层住宅、大型公共建筑、车间都需要设消防供水系统。消防给水系统可以划分为：消火栓给水系统、自动喷水灭火系统、水喷雾灭火系统。

消防给水要求：

要保证充足的水量、水压，对水质要求不高。

4）共用给水系统

前述三种给水系统，可以单独设置，也可以联合共用，根据建筑内部用水所需要的水质、水压、水量等情况，以及室外供水系统情况，通过技术、经济、安全等方面的综合分析，可以组成不同的共用系统。例如：生活和生产共用给水系统；生活和消防共用给水系统；生产和消防共用给水系统；生活、生产和消防共用给水系统。

2. 给水方式

常用的给水方式包括以下几种：

1）直接给水方式

特点： 系统简单，投资省，可充分利用外网水压。但是，一旦外网停水，则室内立即断水。

适用场所： 水量、水压在 1d 内均能满足用水要求的用水场所。见图 2.5-1。

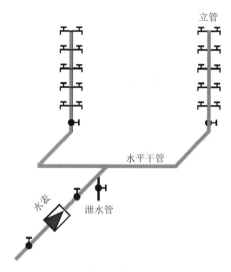

图 2.5-1　直接给水方式示意图

2）气压给水方式

特点： 供水可靠，无高位水箱，但水泵效率低、耗能多。

适用场所： 外网水压不能满足所需水压，用水不均匀，且不宜设水箱时采用。见图 2.5-2。

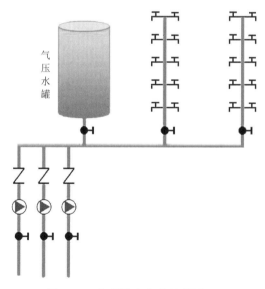

图 2.5-2　气压给水方式示意图

3）设水泵给水方式 A

特点： 系统简单，供水可靠，无高位水箱，但耗能多。

适用场所：水压经常不足，用水较均匀，且不允许直接从管网抽水时采用。见图 2.5-3。

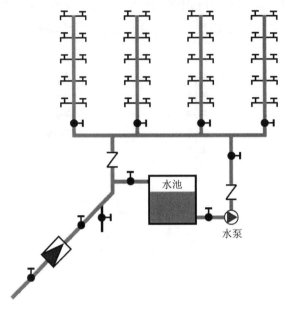

图 2.5-3　设水泵给水方式 A 示意图

4）设水泵给水方式 B

特点：系统简单，供水可靠，无高位水箱，但耗能较多。为了充分利用室外管网压力、节省电能，当水泵与室外管网直接连接时，应设旁通管。

适用场所：室外给水管网的水压经常不足时采用。见图 2.5-4。

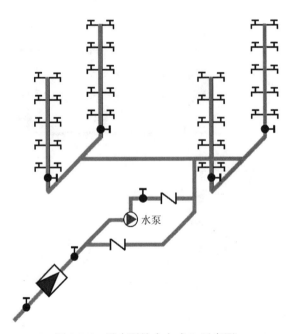

图 2.5-4　设水泵给水方式 B 示意图

5）分区给水方式

特点：可以充分利用外网压力，供水安全，但投资较大，维护复杂。

适用场所：供水压力只能满足建筑下层供水要求时采用。见图 2.5-5。

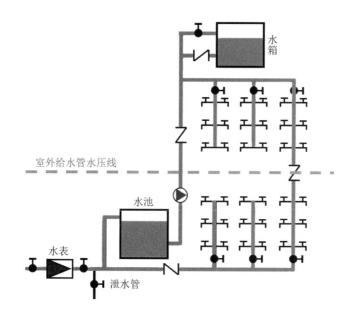

图 2.5-5　分区给水方式示意图

6）分质给水方式

特点：根据不同用途所需的不同水质，设置独立给水系统的建筑供水。

适用场所：小区中水回用等。见图 2.5-6。

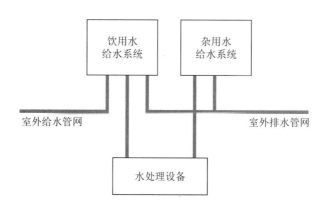

图 2.5-6　分质给水方式示意图

7）设水箱给水方式 A

特点：水箱进水管和出水管共用一根立管供水可靠，系统简单，投资省，可充分利用外网水压。缺点是水箱水用尽后，用水器具水压会受外网压力的影响。

适用场所：供水水压、水量周期性不足时采用。见图 2.5-7。

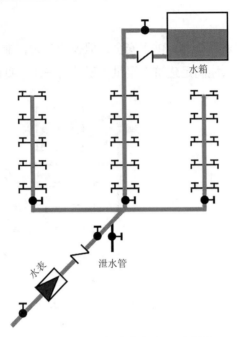

图 2.5-7　设水箱给水方式 A 示意图

8）设水泵和水箱给水方式

特点：水泵能及时向水箱供水，可缩小水箱的容积。供水可靠，投资较大，安装和维修都比较复杂。

适用场所：室外给水管网水压低于或经常不能满足建筑内部给水管网所需水压，且室内用水不均匀时采用。见图 2.5-8。

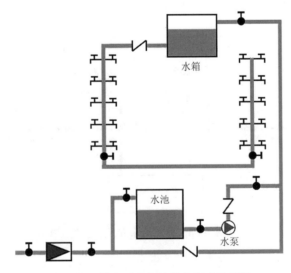

图 2.5-8　设水泵和水箱给水方式示意图

9）设水箱给水方式 B

特点：系统简单，投资省，可充分利用外网水压，但是水箱容易二次污染；水箱容积的确定要慎重。

适用场所：室外给水管网供水水压偏高或不稳定时采用。见图 2.5-9。

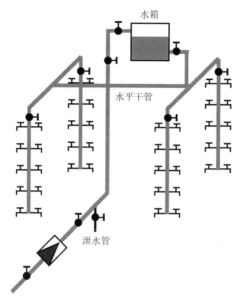

图 2.5-9 设水箱给水方式 B 示意图

2.5.2 排水设计

市政污水排水管网的排水能力和标高应满足工厂生产和生活排水的要求，与构件厂相连接的市政雨水排水管网的排水能力和标高应满足工厂暴雨强度排水能力，排水管道及窨井的施工和安装应符合设计、施工与验收的要求。

构件厂产生的生产排水和生活排水应满足市政排水管网的排放要求，没有达到排放标准的，须处理后排放。生产废水可考虑经沉淀处理后循环使用。

2.6 城市轨道交通车站装配式构件厂节能及能源利用

构件厂的能耗指标、工艺和设备的合理用能、主要产品能源单耗指标应以国内先进能耗水平或参照国际先进能耗水平作为设计依据。通过合理布置构件厂各功能分区的布局，提高土地使用率，节约土地资源；合理布置车间设备、工艺流程、生产区域，使其物流便捷，减少制作部件周转，节约运输能源，降低生产中不必要的能耗和费用。

生产车间强化自然通风和自然采光，车间围护采用保温隔热性能高的材料，充分利用自然光，减少对照明的依赖，节约用电，公用动力设施应布置在负荷中心或就近设置，减少线耗、管线长度等能源损失。

设备的选择应遵循先进、成熟、实用的原则，在确保产品质量的前提下，应选用技术先进、经济合理和自动化程度较高的机器设备。

根据负荷容量、供电距离等特点,合理设计供配电系统和选择供电电压,系统应尽量简单、可靠。合理选用变压器容量和台数,选用节能型变压器。厂区的照明光源以高效节能灯为主。

在用水方面,生产、生活给水尽可能利用市政管网的水压直供,坚持"雨污分流,清污分流,一水多用"的原则,给水排水系统设计应符合《节水型企业评价导则》GB/T 7119的相关规定。绿化用水及场地用水宜利用雨水收集系统供水。工厂内搅拌站给水系统,宜采用循环给水系统。同时,要综合利用蒸汽养护产生的蒸汽冷凝水。

2.7 城市轨道交通车站装配式构件厂环境保护

2.7.1 粉尘控制

施工现场的粉尘主要来自于建筑活动中的石灰、水泥、木材和石材等原材料及构件制作工序中产生的粉尘。这些粉尘中含有大量的有害物质,如二氧化硅、石棉、铬和铅等。这些物质会对人体造成严重的影响,包括呼吸系统、消化系统和皮肤等。长期受到粉尘污染的工人会出现咳嗽、气短、喉痛、哮喘和肺癌等疾病。

同时,粉尘还会对施工现场的安全带来影响。由于施工现场通常需要移动大量的材料和设备,如果粉尘浓度太高,会使视野模糊,增加发生事故的风险。粉尘还会堵塞机器和设备,降低生产效率,因此在施工现场必须采取有效的控制粉尘措施,保护工人的健康及现场的安全。

在控制设备方面,构件厂应配置固定式喷淋、洒水车、清扫车、雾炮机等控制粉尘的设备,厂区主通道出口应设置车辆冲洗设施。见图 2.7-1~图 2.7-4。

图 2.7-1 洒水车

图 2.7-2 清扫车

图 2.7-3 雾炮机

图 2.7-4 车辆冲洗设备

在生产过程中产生粉尘的场所（如混凝土搅拌区域），应设计成密闭的生产工艺和设备，避免敞开式操作，并应设置除尘设施。砂、石和粉状物料的储存及输送采用封闭形式，混凝土输送必须考虑防渗漏措施。

此外，应根据规模、性质、监测任务、监测范围等设置相应的监测手段。合理布置监测采样点，准确反映污染物排放及附近环境的质量状况。

2.7.2　噪声控制

厂区内各类地点及厂界处的噪声限制值和总平面布置中的噪声控制，应符合现行国家标准《工业企业噪声控制设计规范》GB/T 50087 和《工业企业厂界环境噪声排放标准》GB 12348 的有关规定。

厂区应总体布置综合考虑声学因素，合理规划，利用地形、建筑物、绿化等阻挡噪声传播，其中绿化率应按当地有关绿化规划的要求执行，并合理分隔吵闹区和安静区，避免或减少高噪声设备对安静区的影响，同时应控制噪声源，如选用低噪声的工艺和设备。

2.7.3　废水和固体废弃物处理

构件厂的生产过程中也产生了大量的废水。针对废水排放的问题，在生产工艺中尽量减少废水产生，采用自行处理的先进技术，并对废水进行处理，对废水排放定期监测，确保其排放符合国家标准；同时，考虑对生产废水进行回收重复利用，生活污水排入城市排水系统时，水质应符合排放标准要求。

固体废弃物设置专用堆场堆存，并由专业处置单位进行处置。

第 3 章

城市轨道交通车站装配式构件生产
关键技术

3.1　关键通用预制标准化构件生产图深化方法

装配式项目因其集成性特点，其不同于传统现浇混凝土项目，在图纸深化设计阶段，建设单位应组织项目的施工单位、设计单位、监理单位、预制构件生产单位共同参与，确保为装配式工程项目的最终实施进行有效的前期协作。

施工单位都应在图纸深化设计阶段，考虑项目实际施工阶段主要考虑的因素。设计单位应与施工单位、构件厂积极协调沟通，将各专业需求进行集合反应在预制构件生产前，对整个后续构件生产、构件安装、各专业施工及各专业功能的实现进行综合考虑，最终实现预制构件深化设计的高度集成化，否则可能造成预制构件现场无法安装。

深化设计文件应包含图纸目录及数量表、构件生产说明、构件安装说明、预制构件平面布置图、构件模板图、构件配筋图、连接节点详图、构件的构造详图、细部节点详图、构件吊装详图、预埋件埋设详图，以及其他合同要求的全部图纸；同时，要对与预制构件相关的生产、脱模、运输、安装等过程进行受力验算，计算书一般无须交付，但设计单位应进行归档保存。

装配式车站关键通用预制标准化构件生产图深化目录应包含总则、设计说明和生产图纸三大方面，本书将针对上述内容的具体要求展开阐述。

3.1.1　生产图深化总则

主设计单位在确定具体装配式项目后，在该项目传统设计时就需要考虑装配式建筑相关规定、要求及预制构件的特点、特性；同时，构件深化设计前期应与构件加工厂对接，了解构件设计生产设备参数和注意事项。

构件的深化设计应遵循标准化、多组合的原则，尽可能减少因模具使用率减少而增加的构件成本。深化设计单位应在施工图设计的基础上进行深化设计，其设计深度应满足建筑、结构、设备和装修等各专业以及构件制作、运输、施工等各环节的综合要求。

深化设计单位前期设计应与施工单位对接，了解构件起吊工具的参数，以及其他与装配式有关的要求。

3.1.2　设计说明

关键通用预制标准化构件生产图深化设计说明应包括以下几方面内容：

1. 工程概况及总则

主要包括工程地点、结构体系说明、PC 构件范围、PC 构件类型及布置情况、单体预制率、连接方式及连接材料、预制构件的适用范围，以及预制构件的使用位置，预制构件在脱模、吊运、安装等环节的施工验算标准，最大裂缝宽度限值等几方面的要求。

2. 设计依据

设计依据中应包含以下几方面的内容：

1）构件加工图设计依据的工程施工图设计全称；

2）建设单位提出的与预制构件加工图设计有关的符合有关标准、法规的书面要求；

3）设计所执行的主要法规和所采用的主要标准（包括标准的名称、编号、年号和版本号）。

3. 图纸分类说明

关键通用预制标准化构件生产图深化应根据不同的构件进行编号，同时应满足以下几方面要求：

1）图纸编号按照分类编制时，应有图纸编号说明；

2）预制构件的编号，应有构件编号及编号原则说明；

3）宜对图纸的功能及突出表达的内容做简要说明。

4. 预制构件设计构造

关键通用预制标准化构件生产图深化中应在设计说明中对预制构件的一些通用设计构造进行详细说明，保证图纸在满足生产要求的前提下的简洁性。设计说明中的构造部分应包含以下几方面的要求和内容：

1）预制构件的基本构造、材料基本组成；

2）标明各类构件的混凝土强度等级、钢筋级别及种类、钢材级别、连接的方式，采用型钢连接时应标明钢材的规格以及焊接材料级别；

3）各类型构件表面成型处理的基本要求；

4）防雷接地引下线的做法。

5. 预制构件主材要求

设计说明中，还应对构件的主要材料进行统一说明：

1）混凝土

主要包括各类构件混凝土的强度等级，且应注明各类构件对应楼层的强度等级、预制构件混凝土的技术要求，以及预制构件采用特种混凝土的技术要求和控制指标。

2）钢筋

设计说明中应明确给出钢筋种类、钢绞线或高强度钢丝种类及对应的产品标准，有特殊要求单独注明。同时，要给出符合规范要求的各类构件受力钢筋的最小保护层厚度。预应力预制构件应给出构件的张拉控制应力、张拉顺序、张拉条件、对于张拉的测试要求等。

此外，尚应给出钢筋加工的技术要求及控制重点、钢筋的标注原则。

3）预埋件

设计说明中应给出预埋件以下几方面的参数和要求：

（1）钢材的牌号和质量等级，以及所对应的产品标准；有特殊要求的，应注明对应的控制指标及执行标准；

（2）预埋铁件的除锈方法和除锈等级及对应的标准，有特殊用途埋件的处理要求（如埋件镀锌及禁止锚筋冷加工等）；

（3）钢材的焊接方法及相应的技术要求；

（4）注明螺栓的种类、性能等级，以及所对应的产品标准；

（5）焊缝质量等级及焊缝质量检查要求；

（6）其他埋件应注明材料的种类、类别、性能、有耐久性要求的应标明使用年限，以及执行的对应标准；

（7）应注明埋件的尺寸控制偏差或执行的相关标准。

4）其他

此外，设计说明中应对其他需要说明的参数和要求进行阐述，比如：

（1）保温材料的规格、材料导热系数、燃烧性能等要求；

（2）夹心保温构件、表面附着材料的构件，应明确拉结件的材料性能、布置原则、锚固深度及产品的操作要求；需要拉结件生产厂家补充的内容应明确技术要求，确定技术接口的深度；

（3）对钢筋采用套筒灌浆连接的套筒和灌浆料及钢筋浆锚搭接的约束筋和其采用的水泥基灌浆料提出要求。

6. 预制构件生产技术要求

设计说明中给出的预制构件生产技术要求，应包含以下几方面内容：

1）应要求构件加工单位根据设计规定及施工要求编制生产加工方案，内容包括生产计划和生产工艺、模板方案和模板计划等；

2）模具的材料、质量要求、执行标准；对成型有特殊要求的构件宜有相应的要求或标准；面砖或石材饰面的材料要求；

3）构件加工隐蔽工程检查的内容或执行的相关标准；

4）生产中需要重点注意的内容，预制构件养护的要求或执行标准，构件脱模起吊的要求；

5）预制构件质量检验执行的标准，对有特殊要求的应单独说明；

6）预制构件成品保护的要求；

7）预制构件外表面、结合面、保护层、电气接口及吊挂配件的孔洞、沟槽、预埋件和连接件、外露金属等质量控制要求；

8）构件的裂缝及破损处理；

9）运输要求（注意事项、运输方式）。

7. 预制构件现场堆放要求

1）应要求制定堆放与运输专项方案；

2）预制构件堆放的场地及堆放方式的要求；

3）构件堆放的技术要求与措施；

4）构件运输的要求与措施；

5）异形构件的堆放与运输应提出明确要求及注意事项。

8.现场施工要求

1）预制构件现场安装要求

（1）现浇部位预留埋件的埋设要求；

（2）构件吊具、吊装螺栓、吊装角度的基本要求；

（3）安装人员进行岗前培训的基本要求；

（4）构件吊装顺序的基本要求（如先吊装竖向构件再吊装水平构件，外挂板宜从低层向高层安装等）。

2）预制构件连接

（1）主体装配的车站中，钢筋连接用灌浆套筒、约束浆锚连接和其他涉及结构钢筋连接方式的操作要求，以及执行的相应标准；

（2）装饰性挂板，以及其他构件连接的操作要求或执行的标准。

3）预制构件防水做法的要求

（1）构件板缝防水施工的基本要求；

（2）板缝防水的注意要点（如密封胶的最小厚度、密封胶对接处的处理等）。

3.1.3　生产图纸

预制构件的生产图纸深化应达到以下深度：

1.预制构件平面布置图

1）绘制轴线、轴线总尺寸（或外包总尺寸）、轴线间尺寸（柱距、跨距）、预制构件与轴线的尺寸、现浇带与轴线的尺寸、门窗洞口的尺寸；当预制构件种类较多时，宜分别绘制竖向承重构件平面图、水平承重构件平面图、非承重装饰构件平面图、预埋件平面布置图；预制构件部分与现场后浇部分应采用不同图例表示；

2）竖向承重构件平面图应标明预制构件（剪力墙内外墙板、柱、PCF板）的编号、数量、安装方向、预留洞口位置及尺寸、转换层插筋定位、楼层的层高及标高、详图索引；

3）水平承重构件平面图应标明预制构件（叠合板、楼梯、梁）的编号、数量、安装方向、楼板板顶标高、叠合板与现浇层的高度、预留洞口定位及尺寸、机电预留定位、详图索引；

4）非承重装饰构件平面图应标明预制构件（混凝土外挂板、空心条板、装饰板等）的编号、数量、安装方向、详图索引；

5）埋件平面布置图应标明埋件编号、数量、埋件定位、详图索引；

6）复杂的工程项目，必要时增加局部平面详图；

7）选用图集节点时，应注明索引图号；

8）图纸名称、比例。

2.预制构件装配立面图

1）建筑两端轴线编号；

2）各立面预制构件的布置位置、编号、层高线。复杂的框架或框架-剪力墙结构应分别绘制主体结构立面及外装饰板立面图；

　　3）埋件布置在平面中表达不清的，可增加埋件立面布置图；

　　4）图纸名称、比例。

　　3. 模板图

　　1）绘制预制构件主视图、俯视图、仰视图、侧视图和洞口剖面图，主视图依据生产工艺的不同可绘制构件正面图，也可绘制背面图；

　　2）标明预制构件与结构层高线或轴线间的距离，当主要视图中不便于表达时，可通过缩略示意图的方式表达；

　　3）标注预制构件的外轮廓尺寸、缺口尺寸、看线的分布尺寸、预埋件的定位尺寸；

　　4）各视图中应标注预制构件表面的工艺要求（如模板面、人工压光面、粗糙面），表面有特殊要求应标明饰面做法（如清水混凝土、彩色混凝土、喷砂、瓷砖、石材等），有瓷砖或石材饰面的构件应绘制排版图；

　　5）预留埋件及预留孔应分别用不同的图例表达，并在构件视图中标明埋件编号；

　　6）构件信息表应包括构件编号、数量、混凝土体积、构件重量、钢筋保护层、混凝土强度；

　　7）埋件信息表应包括埋件编号、名称、规格、单块板数量；

　　8）说明中应包括符号说明及注释；

　　9）注明索引图号；

　　10）图纸名称、比例。

　　4. 配筋图

　　1）绘制预制构件配筋的主视图、剖面图，当采用夹心保温构件时，应分别绘制内叶板配筋图和外叶板配筋图；

　　2）标注钢筋与构件外边线的定位尺寸、钢筋间距、钢筋外露长度。钢筋连接用套灌浆套筒、浆锚搭接约束筋及其他钢筋连接用预留必须明确标注尺寸及外露长度，叠合类构件应标明外露桁架钢筋的高度；

　　3）钢筋应按类别及尺寸不同分别编号，在视图中引出标注；

　　4）配筋表应标明编号、直径、级别、钢筋加工尺寸、单块板中钢筋重量、备注，需要直螺纹连接的钢筋应标明套丝长度及精度等级；

　　5）图纸名称、比例和说明。

　　5. 通用详图

　　1）预埋件图

　　（1）预埋件详图：绘制内容包括材料要求、规格、尺寸、焊缝高度、套丝长度、精度等级、埋件名称、尺寸标注；

　　（2）埋件布置图：表达埋件的局部埋设大样及要求，包括埋设位置、埋设深度、外露高度、加强措施、局部构造做法；

（3）有特殊要求的埋件应在说明中注释；

（4）埋件的名称、比例。

2）通用索引图

（1）节点详图表达装配式结构构件拼接处的防水、保温、隔声、防火、预制构件连接节点、预制构件与现浇部位的连接构造节点等局部大样图；

（2）预制构件的局部剖切大样图、引出节点大样图；

（3）被索引的图纸名称、比例。

6. 其他图纸

1）夹心保温墙板应绘制拉接件排布图，标注埋件定位尺寸；

2）不同类别的拉接件应分别标注名称、数量；

3）带有保温层的预制构件宜绘制保温材料排版图，分块编号，并标明定位尺寸。

3.1.4　预制梁深化设计

1. 设计依据

梁总图：图纸应清楚地反映梁的形状、预埋件的型号和位置及钢筋的型号、根数、位置、长度等。梁形状图，也称为"开模图"或"模板图"，用于构件厂制作构件的模板与各种预埋件的备料。因此，形状图需要反映构件的具体尺寸及各种预埋件的位置与型号，图纸中通常会包含预埋件的统计表及混凝土量统计表。钢筋图，也称为"配筋图"，用于构件厂钢筋的备料与构件的制作。因此，图纸中通常会有钢筋量统计表。根据具体情况，将梁模板图与梁配筋图合并在一张图纸中完成，统称梁图。梁图中需要表达的内容有：构件的轮廓；埋件的示意图及埋件的编号或名称；构件的尺寸标注及埋件的定位标注；下层筋的形状（双线图）；下层筋定位标注、尺寸标注及编号；上层筋的形状（双线图），上层筋的编号。箍筋的形状（双线图）；箍筋的定位标注及编号。

2. 预制梁平面布置图

平面图应包括预制梁编号，当预制梁数量、种类较多时，可将梁编号分成两个方向；应标注预制梁定位尺寸、轴线关系，装配方向；应附有预制梁与墙柱、楼板位置关系示意节点大样。

3. 预制梁配筋施工图

预制梁的配筋应表示在结构平面图中，具体要求参照图集《混凝土结构施工图平面整体表示方法制图规则和构造详图》22G101。

梁上层筋根据业主的要求，可分为工厂制作和现场制作，为了确保上层筋的配置满足设计及规范的要求，同时确保上层筋的布置不与柱的纵筋产生碰撞，需要在深化设计时绘制出梁上层筋平面布置图。梁上层筋平面布置图中，需要标出套筒的位置、支座钢筋截断的位置。

4. 预制梁构件大样图

预制梁大样图应包括：构件模板图（应表示模板尺寸、预留洞及预埋件位置、尺寸、预埋件编号、必要的标高等。后张预应力构件尚需要表示预留孔道的定位尺寸、张拉端、锚固端等）；

构件配筋图（纵剖面表示钢筋形式、箍筋直径与间距，配筋复杂时宜将非预应力筋分离绘出；横剖面注明断面尺寸、钢筋规格、位置、数量等）；键槽尺寸与粗糙面要求；对形状简单、规则的现浇或预制构件，在满足上述规定前提下，可用列表法绘制；应包括建筑、机电设备、精装修等专业在预制墙上的预留洞口、预埋管线，注明洞口加强措施；应预留防雷接地条件。

5. 预制梁连接及节点详图

预制梁与预制梁或现浇梁的连接，应有明确的装配式结构节点，注明钢筋位置关系、构件代号、连接材料、附加钢筋的规格型号、数量；应注明连接方法及其对施工安装的要求，现浇节点的有关要求。

6. 梁安装布置图

依据结构平面图，按照梁的主筋形式、主梁尺寸及埋件类型，给整个预制工程的梁构件编号，统计梁的数量并绘制梁的安装布置图。梁安装布置图需要标明梁编号，指定报考面并给出数量统计表。梁的编号原则有多种，但为了使图纸便于阅读，在同一项目中梁的编号原则应统一。梁需要考虑梁的形状、长度、截面尺寸、配筋及预埋件的类型。如编号 2G03X14-2，表示 2 层主梁，形状代号为 03，X 向布置，钢筋代号为 14，预埋件编号为 2。另外，工程预制时编号的标注面，也是施工吊装时的参考面。

7. 吊装顺序及支撑布置图

为了防止钢筋碰撞，在绘制梁钢筋图之前，应先确定梁的吊装顺序，从而在深化设计时确定钢筋在梁中的位置。如可设置编号为①的梁先吊装，编号为②的梁后吊装，叠合梁①底筋在叠合梁②底筋的下面。另外，梁在吊装时，为了确保在施工荷载作用下叠合梁的变形满足规范要求且不开裂，需要在梁底设置支撑。因此，在深化设计时需要在梁底标出支撑点位置。

3.1.5　预制柱深化设计

1. 预制柱平面布置图

平面图应包括定位尺寸、轴线关系、预制柱编号，平面图需标明预制构件的装配方向；平面图中，柱配筋可用柱平法，表示也可用柱表形式表达。

2. 预制柱构件大样图

大样图应包括：模板尺寸、预留洞及预埋件位置、尺寸、预埋件编号、必要的标高；预制柱配筋图应包括纵剖面的钢筋形式、箍筋直径和间距，钢筋复杂时应有分离绘制图表，横剖面应注明构件尺寸、钢筋规格、位置定位、数量，顶面和底面的键槽尺寸及粗糙面要求；临时支撑、吊点位置定位及型号。

3. 预制柱连接及节点构造详图

预制柱之间的连接、预制柱与梁的连接，应有明确的装配式结构节点，注明钢筋位置关系、构件编号、连接材料，附加钢筋的规格、型号、数量，并应注明连接方法及其对施工安装的要求，节点现浇的应注明有关要求；应包括建筑、机电设备、精装修等专业在预制墙上的预留洞口、预埋管线，注明洞口加强措施；应预留防雷接地条件。

3.1.6 预制叠合板深化设计

1.叠合板平面布置图

应注明叠合板平面布置定位尺寸及拼缝宽度尺寸；应注明叠合板编号、厚板（预制部分及叠合部分厚度）、桁架钢筋布置方向、叠合板装配方向。

2.叠合板配筋平面图

现浇板配筋施工图中应包含叠合板位置示意，现浇部分施工图主要绘制预制楼板部分对应的顶筋以及现浇部分的底筋与顶筋，并示意洞口及楼梯位置、墙身大样索引等；底板部分配筋详叠合板详图，其余部分配筋应以图中画出的为准。

3.叠合板构件大样图

图中应包含叠合板的模板图、剖面图、对应的配筋平面图及钢筋的下料表，模板图中应示意吊点的位置，并应进行吊点验算。应包括建筑、机电设备、精装修等专业在预制墙上的预留洞口、预埋管线，注明洞口加强措施。

4.叠合板连接节点大样图

叠合板施工图中应表示清楚叠合板与梁墙、叠合板与叠合板之间、叠合板与现浇板之间的连接节点大样，局部升降板的节点大样。

5.其他预制底板形式施工图

当采用其他形式的预制底板形式时，应注明预制底板编号、装配方向等，布置方式及受力模式应满足相应规范图集要求。

6.叠合板孔洞预留

照明系统：照明系统灯线盒置于板底内；

消防系统：常包含应急照明、疏散指示照明、火灾自动报警系统中的感烟探测器和火灾应急广播等；

强电系统：强电系统在叠合板现浇层暗敷，需要向下在隔墙中走管时需要在叠合预制板预留圆形穿线孔；

预留注意：烟道、立管、桥架竖向、施工周边的外挑架，经常会在室内楼板设置 U 形固定钢筋预埋等。

3.1.7 预制楼梯的深化设计

施工图表达的内容应包括楼梯平面图、剖面图。除传统施工图表达的内容外，对于装配式楼梯，还应包括预制构件的连接大样及大样详图。

1.楼梯结构平面图

楼梯结构平面图中应包括平台板的标高、梯梁位置标注、梯段位置标注、梯段编号及相关说明。

2. 梯段剖面图

剖面图应表达楼梯梯段配筋，楼梯平台厚度及配筋，梯段尺寸标注。

3. 梯段大样图

预制梯段构件大样图应表示预制梯段板具体尺寸、楼梯栏杆预留洞位置、梯段预留连接洞位置尺寸、预埋件位置尺寸；配筋图中还应表示钢筋强度等级、尺寸标注、配筋表；注明吊点位置及型号。

4. 楼梯节点详图

预制楼梯节点详图，应注明梯段板端连接方式；节点形式应注明钢筋或预埋件的位置关系，构件代号、连接材料和附加钢筋的规格、型号、数量，应注明连接方式对施工安装的要求。

5. 预制楼梯模板图

绘制预制构件主观图、俯视图、仰视图、侧视图、标明预制构件与结构层高线间的距离、标注预制构件的轮廓尺寸、缺口尺寸、预埋件的定位尺寸、各视图中应标注预制构件表面的工艺要求。

6. 埋件信息表

编号、名称、规格、数量。

7. 构件信息表

构件编号、数量、混凝土体积、构件重量、钢筋保护层、混凝土强度。

3.1.8　预制剪力墙的深化设计

1. 预制剪力墙平面布置图及相关连接节点大样图

首层预制墙体钢筋插筋平面图，该平面图应包括定位尺寸、轴线关系，预制剪力墙钢筋插筋定位、插筋直径、插筋长度；平面图应附有插筋定位措施、现浇层顶预留插筋节点详图、甩筋定位示意图、预制剪力墙连接大样、预制剪力墙与现浇层连接大样。

预制墙体平面拆分图，应包括定位尺寸、轴线关系，预制剪力墙编号（编号应包括预制构件代号及序号），平面图中需要标明各预制墙体的尺寸定位；预制内墙应标示装配方向，并与预制内墙的构件大样对应设置。

预制层剪力墙暗柱平面图，应包括定位尺寸、轴线关系，各预制墙体及现浇墙体的尺寸标注、暗柱编号、墙上开洞等标注；应绘制暗柱配筋大样图，大样图中应示意暗柱与预制剪力墙的关系、预制剪力墙水平甩筋部位的钢筋定位。

2. 预制剪力墙构件大样图

预制剪力墙构件模板图应包括：构件尺寸、预留洞及预埋件位置、尺寸、预埋件编号、必要的标高；临时支撑、吊点位置定位及型号；灌浆套筒型号及定位，灌浆孔定位。

预制墙配筋图应包括：平面钢筋及剖面的钢筋形式、垂直及水平筋的定位间距，平、剖面应注明构件尺寸、钢筋规格、位置定位、数量,顶面和底面与侧面的键槽尺寸和粗糙面要求;应绘制该预制构件大样对应的钢筋表格及配件表。

应包括建筑、机电设备等专业在预制墙上的预留洞口、预埋管线,注明洞口加强措施;应预留防雷接地条件。

3.1.9 预制外墙挂板

预制外墙挂板是安装在主体结构上,起装饰围护作用的非承重预制混凝土外墙板。施工图设计应包括立面外墙挂板拆分图、梁柱预埋件平面图、外墙挂板构件大样图。

1. 立面外墙挂板拆分图

立面外墙挂板拆分图应包括构件编号、尺寸定位、分缝宽度及尺寸定位;构件位置关系示意图、必要的局部剖面详图。

2. 预埋件平面图

预埋件平面图,应包括预埋件编号、尺寸定位;不同部位、不同形式的连接节点详图;此平面图可单独表示,亦可在梁图或板图中示意。

3. 构件大样图

外墙挂板构件大样图应包含模板图、剖面图、对应的配筋平面图以及钢筋的下料表,模板图中应示意吊点的位置,并应进行吊点验算。应包括建筑、机电设备等专业在预制墙上的预留洞口、预埋管线,注明洞口加强措施。应预留防雷接地条件。

4. 尺寸复核

1)构件尺寸校核时,检验外叶板、内叶板、保温板尺寸,相邻两块外叶板之间是否重叠或间隙过大,应保证间隙在 20mm,以便于打胶处理。

2)外叶板伸出部分不宜过长,因在现浇混凝土时,混凝土冲击力会将外叶板折断。如过长,可采用加两排现浇模板通孔处理方法。若显示外叶板伸出 140mm,可不进行增加。

3)不同楼层的墙板校核楼层高度是否一致,尤其顶层,因顶层的楼板厚度与标准层楼板厚度不同,则预制墙板的高度不同,包括外叶板、内叶板、保温板等。需要根据实际高度进行调整,钢筋也须调整。

4)检验豁口的位置是否与结构图一致,豁口的大小,内叶板上梁的豁口,要检查其宽度、高度是否一致。如果都是预制梁要预留 20mm 的操作空间,保证安装能顺利进行,确保施工方便。

5. 重量复核

要对墙板进行重量计算,计算出墙板对应重量,根据吊装重量及吊装距离进行塔式起重机的选型。保证覆盖全部施工区域和吊装的安全进行。

6. 吊点复核

在保证安全的前提下,检查吊点布置是否合理,根据计算墙板重心位置,保证起吊时墙板竖直，便于施工安装的操作。

7. 安装预留孔洞

对给水排水、供暖通风、空调、电气和智能化、燃气等设备及管线的预留预埋，预埋线盒、穿线管、套管应符合水暖、电气施工图的设计要求，并应满足国家现行行业相关标准要求。

安装预埋件及预留洞与墙板上钢筋冲突时，需要进行调整处理。

如发现构造钢筋与钢筋套筒及预埋件定位冲突时，应首先保证钢筋套筒及预埋件位置要求，构造钢筋可适当挪动（幅度不宜大于 +15mm）。

如发现钢筋套筒与预埋件冲突时，应与设计方及时联系沟通，如何进行调整。

8. 楼梯间电梯间预制外墙板可行性分析

楼梯间、电梯间的墙板是否预制进行可行性分析。因楼梯间、电梯间施工时没有楼板的支撑，墙板安装时不宜安装临时支撑。

9. 预制外墙板套筒连接钢筋的深化

上下层墙板的钢筋是否对齐，保证钢筋套筒连接时钢筋安装方便。如果钢筋伸出过长，会导致上层墙板不能按照设计标高安装；如果钢筋过短，会导致搭接长度不够，不符合设计要求。所以，前期要进行钢筋伸出长度及定位的校核，保证灌浆孔内钢筋长度合适，保证坐浆的厚度为 20mm。

10. 预制外墙板连接面的深化设计

预制剪力墙的顶部和底部应设置粗糙面，侧面与后浇混凝土的结合面设置键槽。粗糙面的面积不宜小于结合面的 80%，预制梁、预制墙端粗糙面的凹凸深度不应小于 6mm。

11. 预制外墙板现浇模板预留通孔深化

预制外墙保温板在安装后应避免裸露，对外叶板可做弯折处理，防止保温板外露、进水。

3.1.10　钢筋翻样

1. 一般规定

1）翻样人员应详读设计总说明，如设计总说明有涉及具体的图集大样，应打印作为重要参考。对于图纸中有具体结构设计的，以该设计作为翻样的依据；没有具体节点大样设计，总说明也没有的，以设计总说明中设计所采用的图集为翻样依据；若图集也未包含该大样的，必须立即反馈给钢筋工长，说明该问题。由钢筋工长反馈给技术部，由技术部联系设计院出具具体的施工节点大样。

2）翻样人员必须认真阅读结构图和建筑图，将结构大样与建筑大样作对比，看是否存在结构缺失或者做法缺失。如果有疑问，必须立即反馈给钢筋工长，说明该问题。

3）对于存在做法上的争议，钢筋工长又并未做出技术交底的，必须要求钢筋工长做技术交底，就节点大样的做法给出具体的施工方案。

4）翻样前，首先需要划分大的施工区域，方便成品吊装时可以分区域、小批量吊装。施工区域划分完成后，对每个独立构件单独编号，并在大图上做好标记。料表书写时，要求新编号与原图纸编号——对应。同一区域的构件集中编写，以免造成混乱。

5）对需要到现场实测、实量尺寸的构件，翻样人员必须现场测量，严禁他人代替，依据代量尺寸下料。翻样后，翻样人员必须到现场对容易出错的部位，或者扩、缩构件截面尺寸的部位做好现场指导工作。

2. 翻样要点

1）钢筋表与图纸中型号和数量是否一致。

2）预埋件、钢筋、模板是否有明显冲突，能否避开。

3）埋件表与图中型号和数量是否一致。

4）是否有构造筋需要变更、附加、改变形式、满足稳定性。

5）现有套丝、弯箍、焊接、车铣等工艺是否能够满足加工。

6）埋件与模板配合是否满足、定位孔设置等。

7）脱模情况。

3.1.11　图纸审核

1）判读是会审图，还是模具图、正式加工图，确认图纸有无签字、盖章、接收记录；

2）接收图纸是否一致，包括名称、数量、电子版、蓝图版；

3）图纸是否齐全，目录、总说明、统计表、预制构件平面图、模板图、配筋图、安装图、立面装配图、预埋件及细部构造、预制构件连接节点图、金属加工图、饰面板构件饰面排版图，外墙板内外叶墙板拉结件布置图、保温板排版图；

4）基本技术要求是否清晰，强度保护层等；

5）材料要求是否全面，聚苯、套筒、连接件等参数；

6）方向标识构件与平面图是否一致，箭头方向；

7）图面信息是否全面，信息表、钢筋表、配件表、各个视图；

8）钢筋、钢板规格是否满足，市场有无货源供应情况；

9）平面与构件图是否一致，构件型号、数量；

10）构件安装是否有冲突，尺寸是否矛盾；

11）线盒线管规格是否清晰，方盒、八角盒、金属、PVC；

12）套筒与钢筋是否一致，规格、套丝；

13）楼梯有无表面建筑做法，表面凹凸；

14）楼梯防护槽是否确认，截面图表示；

15）铰支座滑动端孔洞做法，变截面通孔、半孔；

16）叠合板桁架高度，现浇层厚度，穿管要求；

17）叠合板外露筋是否准确，长度与板缝的关系；

18）预埋件凹槽尺寸是否准确，楼梯隔墙安装空间；

19）构件节点是否对应，楼梯隔墙临时固定、连接；

20）层间构件是否对应，套筒、外露筋、企口；

21）顶层构件做法，预制现浇界限；

22）有无防雷要求、防雷埋件的做法，与钢筋骨架的连接方式。

3.2　预制混凝土 PC 厂预制构件生产线类型

装配式混凝土建筑的一大特点就是工厂化生产，也就是预制。工厂化生产是一种生产方式，不等同于工厂里生产。预制混凝土构件大多在构件厂生产，也可以在现场生产，后者一般被称为游牧式生产。

PC 厂生产预制构件主要有流水线生产和固定模台生产。

3.2.1　流水线生产线

机组流水法也称为流水线工艺，其特点是操作人员位置相对固定，而加工对象按顺序和一定的时间节拍在各个工位上行走的生产工艺；同时，它可以降低工厂生产成本，因为每个独立的生产制作工序均在为此作业工序专门设计的工作台上完成，可以装备更多的作业功能。

机组流水按节拍时间，可分为固定节拍和柔性节拍。固定节拍适合诸如轨枕、管桩生产流水线等；柔性节拍适合如预制构件的生产。

其优势在于效率高、生产工艺适应性可通过流水线布置进行调整，适用于大批量标准化构件的生产。

流水线生产方式适合简单构件的制作，如桁架钢筋叠合板、双面叠合墙板、平板式墙板等。有手控、半自动和全自动三种类型的流水线。类型单一、出筋不复杂的构件，流水线可达到很高的自动化和智能化水平。

1. 半自动生产线

半自动化流水线包括混凝土成型设备，但不包括全自动钢筋加工设备。半自动化流水线实现了图样输入、模板清理、画线、组模、脱模剂喷涂、混凝土浇筑、振捣等自动化，钢筋加工和入模仍须人工作业。

2. 手控生产线

手控流水线是将模台通过机械装置移送到每一个作业区，完成一个循环后进入养护区。实现了模台流动，作业区、操作人员位置固定，浇筑和振捣作业的工序位置也是固定的。见图 3.2-1。

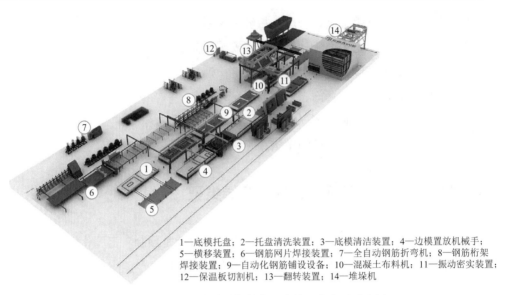

1—底模托盘；2—托盘清洗装置；3—底模清洁装置；4—边模置放机械手；
5—横移装置；6—钢筋网片焊接装置；7—全自动钢筋折弯机；8—钢筋桁架
焊接装置；9—自动化钢筋铺设设备；10—混凝土布料机；11—振动密实装置；
12—保温板切割机；13—翻转装置；14—堆垛机

图 3.2-1　双墙板全自动智能化生产线工艺布置示意图

3. 全自动生产线

全自动生产线，是指在工业生产中依靠各种机械设备，并充分利用能源和信息手段完成工业化生产，提高生产效率、减少生产人员数量，使工厂实现有序管理。

与传统混凝土加工工艺相比，全自动预制构件生产线具有工艺设备水平高、全程自动控制、操作工人少、人为因素引起的误差小、加工效率高、后续扩展性强等优点。

全自动生产线的工作步骤大体是：在生产线上，通过计算机中央控制中心，按工艺要求依次设置若干操作工位，托盘自身装有行走轮或借助辊道的传送，在生产线行走过程中完成各道工序；然后，将已成型的构件连同底模托盘送进养护窑，直至脱模，实现设备的全自动对接。

3.2.2　固定模台生产线

固定模台生产线，又称固定台座法，指加工对象位置固定，如特制的地坪、台座等，而操作人员按不同工种依次在各个工位上操作的生产工艺。

固定台座法是预制构件制作应用最为广泛的生产工艺，适应性强，加工灵活，非常适用于非标准化异形构件的生产，如梁、柱、楼梯、屋顶用板材等构件，虽然启动资金较少，但市场效率也相对较低。

固定台座法包括固定模台工艺、立模工艺和预应力工艺等。

1. 固定模台工艺

固定模台是一块平整度较高的钢结构平台，也可以是高平整度、高强度的水泥基材料平台。固定模台作为预制构件的底模，在模上固定构件侧模，组合成完整的模具。固定模台也被称为平模工艺。

固定模台工艺的设计主要是根据生产规模，在车间里布置一定数量的固定模台，放置钢筋与预埋件、浇筑振捣混凝土、养护构件和拆模都在固定模台上进行。模具固定不动，作业人员和钢筋、混凝土等材料在各个模台间流动。见图 3.2-2。

图 3.2-2 固定模台

固定模台工艺可以生产柱、梁、楼板、墙板、楼梯、转角构件等各式异形构件。其最大优势是适用范围广，灵活方便，适应性强。见图 3.2-3。

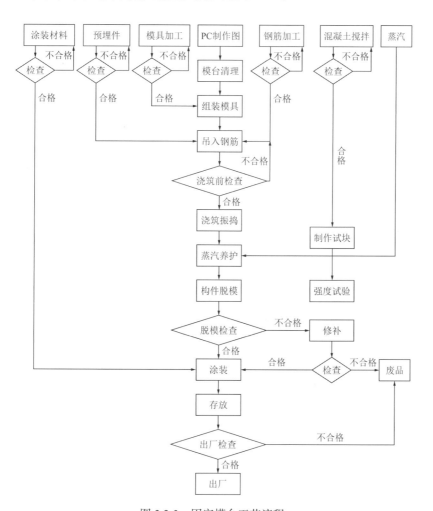

图 3.2-3 固定模台工艺流程

2. 立模工艺

立模工艺的特点是模板垂直使用，并具有多种功能。模板基本上是一个箱体，箱体腔内可通入蒸汽，并装有振动设备，可分层振动成型。与平模工艺相比较，节约生产用地，生产效率相对较高，而且构件的两个表面同样平整，通常用于生产外形较简单且要求两面平整的构件，如内墙板、楼梯段等。见图3.2-4。

图3.2-4　立模工艺

立模有独立立模和组合立模。一个立着浇筑柱子或一个侧立浇筑的楼梯板的模具属于独立立模；成组浇筑的墙板模具属于组合立模。

立模通常成组使用，称为组合立模，可同时生产多块构件。每块立模板均装有行走轮，能以上悬或下行方式作水平移动，以满足拆模、清模、布筋、支模等工序的操作需要。

立模工艺适合无装饰面层、无门窗洞口的墙板、清水混凝土柱子和楼梯等，其最大优势是节约用地。立模工艺制作的构件，立面没有抹压面，脱模后也不需要翻转。

立模不适合楼板、梁、夹芯保温板、装饰一体化板制作；侧边出筋复杂的剪力墙板也不大适合；柱子也仅限于要求四面光洁的柱子。见图3.2-5。

(a) 带楼梯平台立式楼梯模具　　　　　(b) 双重立式楼梯模具

图3.2-5　楼梯模具

3. 预应力工艺

预应力工艺也是预制构件固定台座法生产方式的一种，分为先张法工艺和后张法工艺。

先张法一般用于制作大跨度预应力混凝土楼板、预应力叠合楼板或预应力空心楼板。

先张法预应力工艺是在固定的钢筋张拉台上制作构件，钢筋张拉台是一个长条平台，两端是钢筋张拉设备和固定端，钢筋张拉后在长条台上浇筑混凝土。养护达到要求强度后，拆卸边模和肋模，然后卸载钢筋拉力，切割预应力楼板。

后张法工艺主要用于制作预应力梁或预应力叠合梁，其工艺方法与固定模台工艺接近，构件预留预应力钢筋（或钢绞线）孔，钢筋张拉在构件达到要求强度后进行。见图 3.2-6、图 3.2-7。

图 3.2-6　长条钢筋张拉台

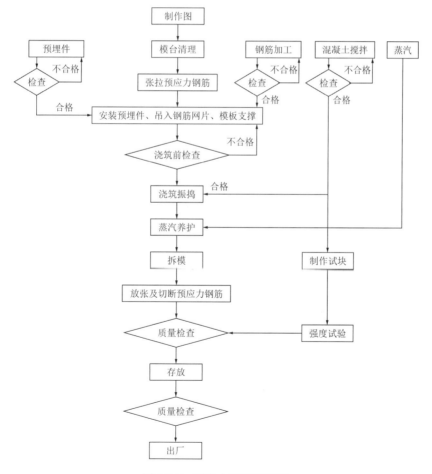

图 3.2-7　预应力工艺流程图

混凝土挤压机可以生产厚度 15～40mm 的预应力混凝土预制板。

特点：

1）在相同的混凝土强度下，节省更多的水和混凝土。

2）混凝土浇筑机械具有高度灵活性，可以在最短时间内生产多种尺寸、批量极小的预应力混凝土构件。见图 3.2-8。

图 3.2-8　混凝土挤压机

滑动式混凝土压模机，可以生产 6～60mm 的预应力混凝土预制板、基桩、排水沟及带有隔热功能的预制楼板。

模机行进在导轨上，沿台座纵向行进，边滑行边灌筑边振动加压，形成一条混凝土板带，然后按构件要求的长度切割成材。这种工艺具有投资少、设备简单、生产效率高等优点。见图 3.2-9。

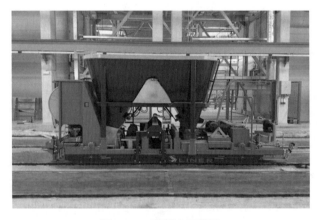

图 3.2-9　混凝土压模机

3.3　关键通用预制标准化构件生产工艺流程

城市轨道交通车站装配式结构根据预制类型的不同，装配式轨道交通车站主体结构的关键通用构件主要包括梁、柱和墙三大类，主要构件见图 3.3-1。构件根据预制类型，又主要包括全预制墙、叠合墙、叠合板、全预制柱、叠合梁、全预制梁、分块预制主体结构外墙板等几种类型。其中，全预制墙、叠合墙、叠合板、全预制柱、叠合梁、全预制梁可采用标准化生产工艺，以下将针对上述几种预制构件的生产工艺开展相应的介绍。见图 3.3-1。

图 3.3-1　装配式轨道交通车站主体结构的关键通用构件

本书将针对上述三类关键通用构件的生产工艺流程进行阐述。由于不同构件厂的设备有所差异，因此生产工艺流程也会有些许不同。

3.3.1　模具要求

在混凝土预制构件生产过程中，模具是非常重要的生产工具，直接关系产品的质量和效率。因此，本节将详细介绍混凝土预制构件生产时的模具相关要求及规定。

1. 模具管理

工厂应建立模具管理制度，模具的管理内容应有模具计划、构件断面类型、模具摆放位置、生产线考虑、模具成本等，管理要求见表 3.3-1。

模具的管理要求　　　　　　　　　　　　　　　　　　　　表 3.3-1

类别	要求
模具计划	不同类型的构件模具基本上不能共用（如墙板和楼梯不能共用），同类型构件不同形状的模具可共用性也相对较低，但可通过模具组合变化实现共用（不同宽度的梁可以通过万用梁模实现共用）；项目的构件类型少、形状统一，可减少模具套数；项目工期紧或者工期缩短，构件供应要满足现场进度要求，在没有蒸汽养护的情况下，就必须采用增加模具套数的方法加快生产节奏

类别	要求
构件断面类型	模具规划时，先要统计构件类型数量，断面类型，进行分类，考虑不同构件断面类型的共同点，结合项目生产周期，进行组合变化，确定模具的种类和数量（梁、柱主要考虑因素为断面尺寸，叠合板、墙板考虑出筋和板片尺寸，楼梯和阳台板等模具唯一性的概率很大）
模具摆放位置与生产线考虑	模具规划时，必须要考虑模具进厂后的生产摆放位置，摆放的区域是否影响生产线。若车间条件有限，某类型的构件生产必须在特定区域，但是常规模具形式会影响生产。此时，模具规划时就需要对模具构造或组合进行调整。模具摆放位置、生产线因素有：行车起吊能力和行走范围、布料机的下料口高度、轨道高度和长度、车行通道宽度等工艺参数
模具成本	根据生产需求考虑模具是否再利用，再利用的模具应选择易加工、多组装的类型，不再利用的可以采用简易、低成本、一次成型的模具
其他因素	模具的生产施工性、PC构件精度要求、生产排程、模具的专用性或公用性和模具供应商的供货能力

2. 模具的加工

1）模具的分类

地铁车站预制构件模具按照构件种类，分为叠合墙板模具、隔墙模具、梁模具、柱模具等，如图 3.3-2 所示。

图 3.3-2　预制构件模具图

2）模具加工流程如图 3.3-3 所示。

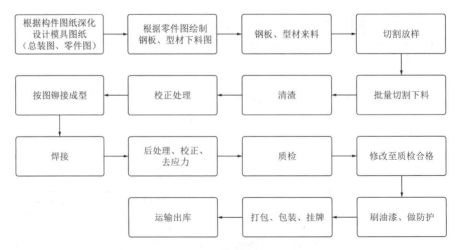

图 3.3-3　模具加工流程

3）模具材料方面，应满足以下要求：

（1）耐磨性：混凝土预制构件生产过程中需要经常使用模具进行成型，因此要求其材料必须耐磨性好。

（2）耐腐蚀性：在混凝土浇筑过程中会加入各种化学物质，对于一些不锈钢或铁质的模具来说，容易发生腐蚀现象，因此选择材料时需要考虑其耐腐蚀性。

（3）导热性：混凝土浇筑时需要进行加热或降温处理，模具的导热性能会直接影响混凝土的成型效果。

因此，预制构件模具的材料在应符合相关的国家标准和规范要求的前提下，通常选择优质钢材或合金钢材，其特点是具有高强度、高硬度、高耐磨性和高耐腐蚀性；此外，模具表面应进行热处理，以提高其硬度和耐磨性。

4）模具设计要求

（1）结构合理：混凝上预制构件生产中，模具结构的合理性可以提高生产效率和产品质量。因此，在设计时需要考虑其结构是否合理。

（2）易拆卸：混凝土预制构件生产过程中需要频繁更换模具。因此，在设计时需要考虑其易拆卸性。

（3）加强支撑：使用过程中，模具需要承受大量的压力和振动。因此，在设计时需要加强支撑结构，提高其承载能力。

5）模具精度是保证构件制作质量的关键，对于新制、改制或生产数量超过一定数量的模具，生产前应按要求进行尺寸偏差检验，合格后方可投入使用。

模具加工要求应满足表 3.3-2 所示的规定。

模具加工精度要求

表 3.3-2

项次	检验项目及内容		允许偏差（mm）	检验方法
1	长度	≤ 6mm	1，−2	用钢尺量平行构件高度方向，取其中偏差绝对值较大处
		> 6m，且 ≤ 12m	2，−4	
		> 12m	3，−5	
2	截面尺寸	墙板	1，−2	用钢尺量两端或中部，取其中偏差绝对值较大处
3		其他构件	2，−4	
4	对角线差		3	用钢尺量纵、横两个方向对角线
5	侧向弯曲		$L/1500$ 且 ≤ 5	拉线，用钢尺量侧向弯曲最大处
6	翘曲		$L/1500$	对角拉线测量交点间距离的两倍
7	底模表面平整度		2	用 2m 靠尺和塞尺量
8	组装缝隙		1	用塞片或塞尺量
9	端模与侧模高低差		1	用钢尺量

6）模具固定在模具上的连接套筒、预埋件、连接件、预留孔洞的允许偏差应符合表 3.3-3 的规定，并应满足施工的误差要求。

连接套筒、预埋件、连接件、预留孔洞的允许偏差（mm）　　　　表 3.3-3

项目		允许偏差	检验方法
钢筋连接套筒	中心线位置		
	安装垂直度		
	套筒内部、注入口、排除口的堵塞		
外装饰敷设	图案、分割、色彩、尺寸		
预埋件（插筋、螺栓、吊具等）	中心线位置	3	钢尺检查
	外露长度	+10，−0	钢尺检查
	安装垂直度	$L/40$	拉水平线、竖直线测量两端差值
连接件	中心线位置	3	钢尺检查
	安装垂直度	$L/40$	拉水平线、竖直线测量两端差值
预留孔洞	中心线位置	5	钢尺检查
	尺寸	+8，0	钢尺检查
其他需要先安装的部件	安装状况：种类、数量、位置、固定情况		与预制构件制作图对照及观察

注：L 为套筒、预埋件、连接件等部件长度。

3. 钢筋连接套筒

除应满足上述指标外，尚应符合套筒厂家提供的允许误差值和施工允许误差值。

4. 模具的使用

1）钢模具首次使用前应彻底清洁，将污、锈打磨干净。

2）模具每次使用后，应及时清理，与混凝土接触部分不得留有水泥浆和混凝土残渣。

3）预制混凝土构件在钢筋骨架入模前，应在模具表面均匀涂抹脱模剂。用石材或面砖作饰面的预制混凝土构件应在饰面入模前涂抹脱模剂。艺术造型构件的硅胶造型模具应采用专用的脱模剂，如图 3.3-4 所示。

图 3.3-4　模具使用应符合规定

4）停用时需要对模具进行防锈处理，以免生锈，影响其使用寿命。

3.3.2　典型构件生产流程

1. 叠合板生产流程图（图 3.3-5）

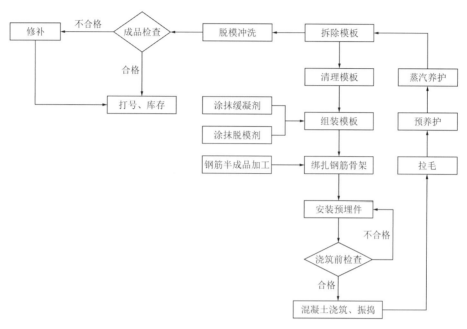

图 3.3-5　叠合板生产流程图

2. 内墙板生产流程图（图 3.3-6）

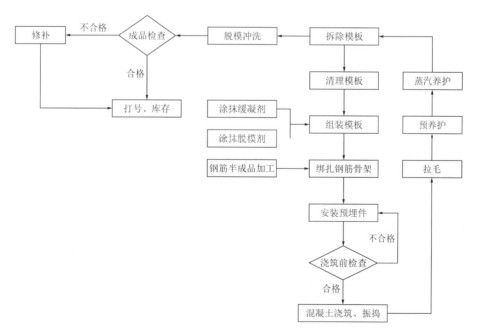

图 3.3-6　内墙板生产流程图

3. 保温夹心墙板生产流程图（图 3.3-7）

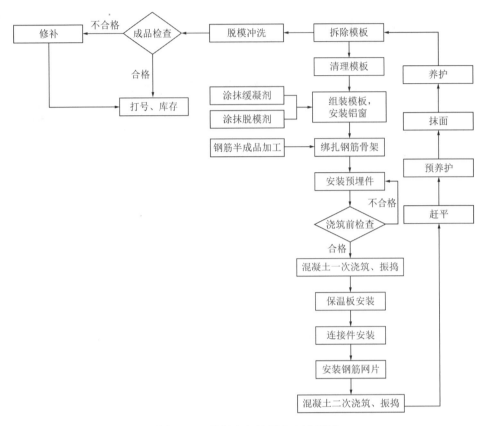

图 3.3-7　保温夹心墙板生产流程图

3.3.3　操作要点

1. 模具清理

模具拼装前须对固定在模台上的模具及模台表面进行清理，将上面残留的混凝土垃圾进行清除，清理完毕后达到模台上面干净、整洁，用手触摸无垃圾的效果，如图 3.3-8 所示。

(a) 模具清理

(b) 模台清理

图 3.3-8　模具与模台清理

2. 喷涂界面剂

在粗糙面设计处涂慢干剂，在模具内表面及其他位置喷上脱模油，涂抹要均匀，涂抹完成后保持模具干净、整洁，如图 3.3-9 所示。

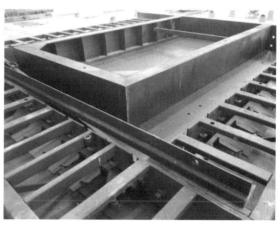

图 3.3-9　模具涂抹界面剂

3. 钢筋加工与安装

钢筋的型号、数量、间距、尺寸、搭接长度及外露长度符合施工图纸及规范要求；绑扎钢筋前应仔细核对钢筋下料尺寸，绑扎制作完成的钢筋骨架禁止再次切割；质检部检验合格后，将钢筋网骨架放入模具，按梅花状布置好垫块（纵横向间距 0.8m），调整好钢筋位置，如图 3.3-10 所示。

(a) 钢筋绑扎　　　　　　　　　　　　　　　(b) 钢筋骨架入模

图 3.3-10　钢筋加工与安装示意图

4. 套筒连接安装

钢筋插入套筒深度应满足设计锚固深度要求；安装时灌浆套筒应与边模板垂直，采用橡胶环、螺杆等固定。避免混凝土浇筑、振捣时灌浆套筒和连接钢筋移位；混凝土浇筑时，应对灌浆套筒采取封堵措施，如图 3.3-11 所示。

(a) 连接钢筋加工

(b) 钢筋连接

(c) 钢筋套筒定位

(d) 套筒处钢筋

图 3.3-11　钢筋套筒安装

5. 预埋件安装

根据构件加工图，依次确定各类预埋件位置石笔画线定位，并安装、固定牢固；浇筑混凝土前，检查所有固定装置是否有损坏、变形、错位、漏缺现象，如图 3.3-12 所示。

(a) 预埋件安装

(b) 机电管线安装

图 3.3-12　预埋件安装示意图

6. 保温板与连接件安装

1）常见保温连接件类型，如图 3.3-13 所示。

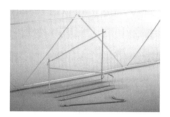

图 3.3-13　常用保温板连接件类型

2）保温板应按设计尺寸及排布图进行裁剪，并在裁剪好的保温板上写明产品编号；保温板安装后应保持表面平整，无空鼓、折断等现象。如图 3.3-14 所示。

(a) 保温板裁剪、编号　　　　　　　　　(b) 保温板安装

图 3.3-14　保温板安装示意图

3）保温连接件不应有裂纹、刮损、变形等质量缺陷；连接件的型号、排布间距、插入深度、垂直度等应符合设计标准，如图 3.3-15 所示。

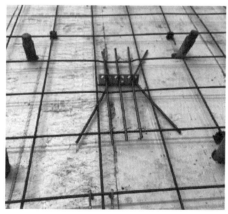

图 3.3-15　保温连接件安装示意图

7. 混凝土浇筑

浇筑前应对混凝土质量检查，采用混凝土输送机将混凝土运输至布料机内，根据构件的尺寸合理调整布料机浇筑混凝土。浇筑完毕后，开启振动台振动；混凝土振捣过程中应随时检查模具有无漏浆、变形或预埋件有无位移等现象；混凝土振捣完成后，用抹子把高出的混凝土铲平，并将料斗、模具、外露钢筋、模台及地面清理干净，如图 3.3-16 所示。

(a) 混凝土浇筑与振捣　　　　　　　　　　　(b) 收面抹平

图 3.3-16　浇筑混凝土

8. 混凝土养护

1）预制构件的养护可分为自然养护和蒸汽养护，自动化流水生产线的养护容量要满足流水节拍的需求，如图 3.3-17 所示。

(a) 蒸汽养护　　　　　　　　　　　　(b) 自然养护

图 3.3-17　构件养护

2）预制构件进行养护时，应制定养护制度，对静停、升温和降温时间进行控制。

3）预制构件采用蒸汽养护时，宜进行预养护。预养护完成后，采用堆码机将构件送入养护窑仓。养护仓应分仓、编码，采用数字化控制系统进行构件养护，如图 3.3-18 所示。

(a) 预养护窑

(b) 堆码机

(c) 养护窑（分仓、编号）

图 3.3-18　蒸汽养护设备

4）预制构件脱模后应继续养护，养护可采用水养、洒水和覆盖等一种或几种相结合的方式。

9. 脱模

1）如图 3.3-19 所示，构件脱模分为平式脱模和立式脱模。可根据构件种类及生产条件，选择相应的脱模方式。

(a) 平式脱模

(b) 立式脱模

图 3.3-19　构件脱模

2）模具应按脱模工序质量控制程序进行，对特殊构件的拆除应有专项方案，严禁敲砸模具而致其变形。

3）预制构件脱模起吊时，应根据设计要求或具体生产条件确定所需的同条件养护混凝土立方体抗压强度，且脱模混凝土强度应不小于15MPa。

4）预制构件与模具之间的连接部分完全拆除后方可脱模、起吊，构件起吊应平稳，楼板应采用专用多点吊架起吊，复杂构件应采用专门的吊具起吊。

5）非预应力叠合楼板可以利用桁架钢筋起吊，吊点的位置应根据计算确定。复杂的预制构件需要设置临时固定工具，吊点和吊具应进行专门设计。

10. 洗水与修补

构件与结构面结合处的粗糙面宜优先采用洗水工艺处理，粗糙面达到标准后吊运至修补区进行修补处理，如图3.3-20所示。

(a) 构件表面洗水处理　　　　　　　　　(b) 构件表面修补

图3.3-20　构件粗糙面与表面处理

3.4　预制标准化构件存放与运输

预制构件场内的运输与存放计划应根据装配式混凝土结构工程施工方案制定，预制构件运输与存放计划包括进场时间、次序、存放场地、运输路线、固定要求、码放支垫及成品保护措施等内容。对于超高、超宽、形状特殊的大型构件进场和码放，应采取专项质量安全保证措施。

1）施工现场内道路应按照构件运输车辆的要求，合理布置转弯半径及道路坡度。

2）现场运输道路和存放堆场应坚实、平整并有排水措施，存放堆场区宜采用硬化地面或草皮砖地面。运输车辆进入施工现场的道路，应满足预制构件的运输要求。预制构件装卸，吊装的工作范围内不应有障碍物，并应有满足预制构件周转使用的场地。

3）预制构件装卸时应考虑车体平衡，采取绑扎固定措施；预制构件边角部或紧固用绳索接触的部位，宜采用衬垫加以保护。

4）预制构件运输到现场后，应按规格、品种、使用部位、吊装顺序分别设置存放场地。存放库区宜实行分区管理和信息化管理，同时存放预制构件时要留出通道，不宜密集存放。存放场地应设置在起重机的有效吊重覆盖半径范围内，且应方便运输预制构件的大型车辆装车和出入的位置，并设置通道。

5）预制墙板宜对称插放或靠放存放，支架应有足够刚度并支垫稳固。预制外墙板宜对称靠放，饰面朝外，与地面倾斜角度不宜小于 80°。

6）预制板类构件叠放可采用叠放方式存放，构件层与层之间应垫平、垫实，每层构件之间的垫木或垫块应在同一垂直线上。依据工程经验，一般中小跨构件叠放层数不超过 5 层，大跨和特殊构件的叠放层数及支垫位置，应根据构件施工验算确定。

7）预制墙板插放于墙板专用堆架上，堆放架设计为两侧插放，堆放架强度应满足强度，刚度和稳定性的要求，堆放架必须设置防磕碰、防下沉的保护措施；保证构件堆放有序，存放合理，确保构件起吊方便，占地面积小。墙板堆放时，根据墙板的吊装编号顺序进行吊装。堆放时，要求两侧交错堆放，保证堆放架的整体稳定性。

3.4.1　构件存放

1. 预制墙板

1）预制内外墙板应采用专用支架直立存放，吊装点朝上放置，支架应有足够的强度和刚度，门窗洞口的构件薄弱部位，应采取防止变形开裂的临时加固措施。

2）L 形墙板宜采用插放架堆放，方木在墙板底部通长布置，墙板与插放架空隙部分可用方木插销填塞。如图 3.4-1（b）所示。

3）构件标识面应朝向通道侧。

4）一字形墙板宜采用联排堆放，方木在墙板的底部通长布置，上方可通过调节螺杆固定墙板。如图 3.4-1（a）所示。

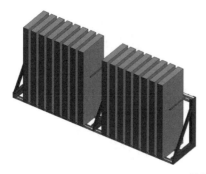

(a) 墙板联排式存放

图 3.4-1　预制墙板存放

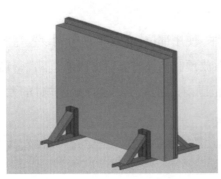

(b) 墙板插放式存放

图 3.4-1 预制墙板存放（续）

2. 叠合板

1）多层码垛存放构件，层与层之间应垫平，各层垫块或方木应上下对齐。垫木在桁架侧边，板两端及跨中位置均应设置，垫木间距不宜大于 1.6m，最下面一层支垫应通长设置，并采取防止堆垛倾覆的措施，如图 3.4-2 所示。

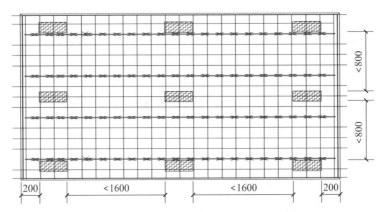

(a) 叠合板平面堆放示意图

(b) 叠合板层叠堆放

图 3.4-2 叠合板堆放

2）采取多点支垫时，一定要避免边缘支垫低于中间支垫，形成过长的悬臂，导致较大负弯矩而产生裂缝。

3）不同的板号应分别堆放，堆放高度不宜大于 6 层。每垛之间纵向间距不得小于 500mm，横向间距不得小于 600mm。堆放时间不宜超过两个月。

3. 叠合梁

1）在叠合梁起吊点对应的最下面一层采用方木通长垂直设置，将叠合梁后浇层面朝上并整齐的放置；各层之间在起吊点位置下方放置通长方木，要求其方木高度不小于 200mm。

2）层与层之间垫平，各层方木应上下对齐，堆放高度不宜大于 4 层。叠放图如图 3.4-3 所示。

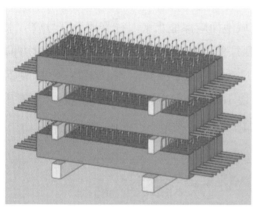

| (a) 叠合梁堆放示意图 | (b) 叠合梁堆放 |

图 3.4-3　叠合梁堆放

3）支撑方木尚应满足以下要求：

（1）置于吊点下方（单层存放）或吊点下方的外侧（多层存放），且两个枕木（或方木）之间的间距不小于叠放高度的 1/2；

（2）各层枕木（或方木）的相对位置应在同一条垂直线上；

（3）叠合梁最合理的存放方式是两点支撑，不建议多点支撑。当不得不采用多点支撑时，应先以两点支撑就位放置稳妥后，再在梁底需要增设支点的位置放置垫块并撑实或在垫块上用木楔塞紧。

4. 预制楼梯

（1）楼梯正面朝上，在楼梯安装点对应的最下面一层采用方木通长垂直设置。同种规格依次向上叠放，层与层之间垫平，各层垫块或方木应放置在起吊点的正下方，堆放高度不宜大于 4 层。

（2）方木宜选用长 × 宽 × 高为 200mm × 100mm × 100mm，每层放置四块，并垂直放置两层方木，应上下对齐。

（3）每垛构件之间，其纵横向间距不得小于 400mm。叠放图如图 3.4-4 所示。

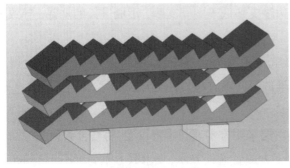

(a) 预制楼梯堆放示意图　　　　　　　　　　(b) 预制楼梯堆

图 3.4-4　预制楼梯堆放

5. 预制柱

柱存储应放在指定的存放区域，存放区域地面应保证水平。柱需要分型号放、水平放置。第一层柱应放置在 H 型钢（型钢长度根据通用性一般为 3m）上，保证长度方向与型钢垂直，型钢距构件边 500~800mm，长度过大时应在中间间距 4m 放置一个 H 型钢。根据构件长度和重量，最高叠放 3 层。层间用块 100mm×100mm×500mm 的木方隔开，保证各层间木方的水平投影重合于 H 型钢。见图 3.4-5。

图 3.4-5　预制柱的堆放

3.4.2　构件运输

1. 构件运输的准备工作

构件运输的准备工作主要包括：制定运输方案、设计并制作运输架、验算构件强度、清查构件及观察运输路线。

1）制定运输方案

此环节需要根据运输构件实际情况、装卸车现场及运输道路的情况、施工单位或当地的起重机械和运输车辆的供应条件以及经济效益等因素综合考虑，最终选定运输方法，选择起重机械（装卸构件用）、运输车辆和运输路线。运输线路的制定应按照客户指定的地点及货物的规格和重量制定特定的路线，确保运输条件与实际情况相符。

2）设计并制作运输架

根据构件的重量和外形尺寸进行设计制作，且尽量考虑运输架的通用性。

3）验算构件强度

对钢筋混凝土屋架和钢筋混凝土柱等构件，根据运输方案所确定的条件，验算构件在最不利截面处的抗裂度，防止在运输中出现裂缝。如有出现裂缝的可能，应进行加固处理。

4）清查构件

清查构件的型号、质量和数量，有无加盖合格印和出厂合格证书等。

5）观察运输路线

运输前再次对路线进行勘查，对于沿途可能经过的桥梁、桥洞、电缆、车道的承载能力，通行高度、宽度、弯度和坡度，沿途上空有无障碍物等实地考察并记载，制定出最正确、顺畅的路线。这需要实地的现场考察。如果凭经历和询问，很有可能发生许多意料之外的事情，有时甚至需要交通部门的配合等，因此这点不容忽视。在制定方案时，每处需要注意的地方要注明。如不能满足车辆顺利通行，应及时采取措施。此外，应注意沿途是否横穿铁道，如有应查清火车通过道口的时间，以免发生交通事故。

2. 运载机具

载重汽车、平板拖车等。

1）运输车辆应车况良好，其整车尺寸宜为：长 12～22m，宽 2.4～3m，装载后的高度不超过 4.5m。牵引质量在 40t 以内，异形构件宜采用专用运输车。

2）混凝土预制构件装车完成后，需再次检查装车后构件质量。在装车过程中造成的构件碰损部位须进行修补，并经出厂验收合格后方可发货。

3. 构件主要运输方式

1）立式运输方案

在平板车上按照专用运输架，墙板对称靠放或者插放在运输架上。对于内、外墙板等构件，多采用立式运输方案，如图 3.4-6（a）所示。

(a) 构件立装绑扎示意图

(b) 构件平装绑扎示意图

图 3.4-6　构件绑扎方式示意图

2）平层叠放运输方式

将预制构件平放在运输车上，一件件往上叠放在一起进行运输。叠合板、楼梯、装饰板等构件多采用平层叠放的运输方式。叠合楼板：不宜超过 6 层/叠，堆码时按产品的尺寸大小堆叠；预应力板：堆码 8～10 层/叠。叠合梁：2～4 层/叠（最上层的高度不能超过挡边一层），并考虑是否有加强筋向梁下端弯曲，如图 3.4-6（b）所示。

3）散装方式

对于一些小型构件和异形构件，宜采用散装运输。

4. 运输基本要求

1）构件在运输时要固定牢靠，以防在运输中途倾倒或在道路转弯时车速过高而被甩出。

2）运输车辆行车速度应按运输方案进行，根据路面情况掌握行车速度，道路拐弯必须降低车速。

3）采用公路运输时，若通过桥涵或隧道，则装载高度为：二级以上公路不应超过 5m；三、四级公路不应超过 4.5m。

4）装有构件的车辆在行驶时，应根据构件类别、行车路况控制车辆的行车速度，保持车身平稳，注意行车动向，严禁急刹车，避免发生事故。

5）对于特大构件产品，在加工制造前应征得交管部门同意，办理相关运输许可证件，运输前应制定专项方案。

3.5　成品保护

1）企业应建立严格有效的成品保护制度，制定专项保护措施方案，明确保护内容和职责，全过程防尘、防油、防污染、防破损。对于有外露易锈蚀部分的预埋件或连接件，要有防腐措施，构件成品保护示意如图 3.5-1 所示。

(a) 楼梯踏面防护　　　　　　　　　　　　(b) 装饰一体化预制柱

图 3.5-1　成品保护

2）预制隔墙门框、窗框和带外装饰材料的表面应采用塑料贴膜或者其他防护措施；预制墙板门窗洞口线角宜采用槽形木框保护，如图 3.5-2 所示。

图 3.5-2　车站预制隔墙预埋窗框防护

3）预制楼梯踏步面与踏面阳角宜铺设木板条或其他不易变形、破损的覆盖物。

4）预制构件养护用水及覆盖物应洁净，不得污染预制构件表面；运输过程中必须采用适当的防护措施，防止损坏或污染其表面。

5）安装施工时的成品保护应符合以下规定：

（1）交叉作业时应做好工序交接，不得对已完成工序的成品、半成品造成破坏。

（2）装配式混凝土建筑施工全过程中，应采取防止构件、部品及预制构件上的建筑附件、预埋铁、预埋吊件等损伤或污染的保护措施。

（3）预制构件上的饰面砖、石材、涂刷、门窗等处，宜采用贴膜保护或其他专业材料保护。安装完成后，门窗框应采用槽形木框保护。

（4）连接止水条、高低口、墙体转角等薄弱部位，应采用定型保护垫块或专用套件作加强保护。

（5）预制楼梯饰面层应采用铺设木板或其他覆盖形式的成品保护措施。楼梯安装结束后，踏步口宜铺设木条或采取其他覆盖形式保护。

（6）遇有大风、大雨、大雪等恶劣天气时，应采取有效措施对存放的预制构件成品进行保护。

（7）装配式混凝土建筑的预制构件和部品在安装施工过程中、施工完成后，不应受到施工机具的碰撞。

（8）施工梯架、工程用的物料等，不得支撑、顶压或斜靠在部品上。

（9）当进行混凝土地面等施工时，应防止物料污染、损坏预制构件和部品表面。

（10）预制构件应采取正向吊装、运输和堆放。构件运输和堆放时，垫木应放在吊环附近并高于吊环，上下对齐。

第 4 章

城市轨道交通车站装配式构件施工
关键技术

车站主体预制拼装是指采用预制拼装施工工艺将工厂或现场生产区域的装配式构件通过一定的工艺现场拼装成型，城市轨道交通车站装配式的预制拼装包含车站主体结构的预制拼装（如侧墙、顶板、底板、中板、中柱的预制拼装）、二次结构的预制拼装（如预制轨顶、预制站台板、预制楼梯等）和装饰装修的预制拼装（如部品化的吊顶系统、地板系统、卫生间系统、办公系统等）。

鉴于目前轨道交通车站的相关资料较少，故本书将借鉴房屋建筑的一些施工工艺，结合轨道交通车站的特点，针对一些重要构件的关键施工技术开展相应阐述。

装配式构件的施工流程主要包括编制施工策划、专项施工方案、预制构件及材料进场及验收、预制构件的安装与连接、施工质量检查与验收等。

4.1　装配构件施工策划

所谓工程项目的施工策划，是指在建设领域内项目策划人员根据建设业主总的目标要求，从不同的角度出发，通过对建设项目进行系统分析，对建设活动的总体战略进行运筹规划，对建设活动的全过程作预先的考虑和设想，以便在建设活动时间、空间和结构的三维关系中，选择最佳的结合点重组资源和展开项目运作，为保证项目在完成后获得满意可靠的经济效益、环境效益和社会效益提供科学依据。

进行施工策划，首先要明确施工组织与主体责任，建立合理的施工组织管理体系。其目的是施工企业运用系统论原理，以项目管理现状为出发点，从项目管理本质入手进行项目的"质量控制目标、工期控制目标、安全控制目标、成本控制目标、环境目标"五大目标控制。装配式施工组织管理体系的建立应遵循以下两点原则：

1）结合项目及施工单位实际情况采取相应的现场施工组织管理体系：如施工专业承包模式、施工总承包模式、设计施工总承包模式等，并结合项目的具体情况详细阐述选取的管理体制的特点及要点，说明应达到的管理目标。

以施工专业承包模式构件厂为核心的模式，可采用如图 4.1-1 所示的组织管理架构。

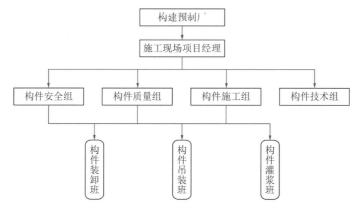

图 4.1-1　以施工专业承包模式构件厂为核心的组织管理架构示意图

以施工总承包模式项目经理为核心的组织管理架构，可采用如图 4.1-2 所示的组织管理架构。

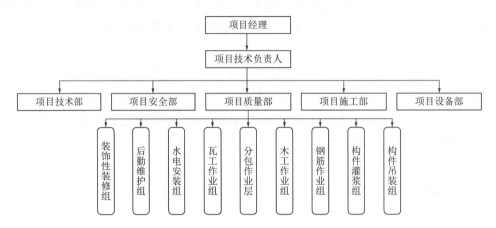

图 4.1-2　以施工总承包模式项目经理为核心的组织管理架构示意图

以设计施工总承包模式项目经理为核心的组织管理架构，可采用如图 4.1-3 所示的组织管理架构。

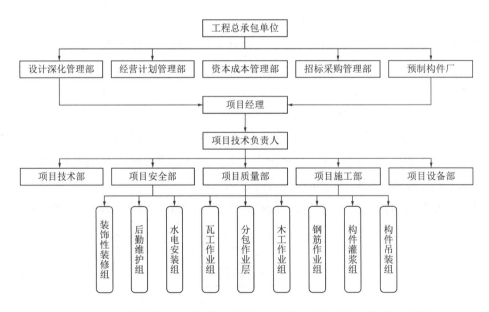

图 4.1-3　以设计施工总承包模式项目经理为核心的组织管理架构示意图

2）装配式混凝土建筑施工管理贯穿于构件生产、构件运输、构件进场、构件堆放、构件吊装、构件连接等全过程，现场负责质量管理的人员必须经过专项的装配式混凝土建筑施工培训，具备相应的质量管理经验。

另外，施工策划中应制定适用于本工程的项目管理制度，如技术交底制度、质量例会制度、装配式构件进场质量管理制度、装配式构件进场质量检查制度、装配式构件施工质量验收制度、构件成品保护措施、施工现场环境保护制度等。

同时，在施工过程中应实行项目经理负责制和岗位责任制，以项目经理、技术、质量安全、物资等人员组成高效、合理的项目部，对工程的质量、工期、文明和安全施工、成本核算等施工全过程负责。

在装配式车站结构施工中，项目经理有多方面的角色和职责：

1）自身素质。作为一个合格的项目经理，需要具备丰富的技术知识，并能熟练掌握装配式建筑的设计、生产、运输和安装等工艺流程。需要了解各种材料和构件之间的相互连接方式以及相关规范、标准等，并根据实际情况做出合理判断和决策。

2）项目组织者。项目经理是整个团队协同工作的重要核心。他需要制定合理、可行的项目计划，明确分工任务并统筹资源调度。同时，他还需要协调各个施工阶段之间的衔接和交流，确保整个施工过程的高效、顺利。

3）质量保证者。在装配式建筑施工中，质量是首要考虑因素之一。项目经理需要制定严格的质量控制计划，并确保其执行。项目经理要监督材料选用、构件加工和安装过程中的各个环节，确保符合相关标准和规范要求，并及时纠正和解决存在的问题。

4）安全管理者。安全是建筑施工过程中必不可少的一部分。项目经理需要制定安全施工方案，加强对施工现场的安全管理与控制，确保员工的人身安全并预防事故的发生。他还需要定期组织安全培训与演练，提高团队成员的安全意识与应急处置能力。

5）成本控制者。项目经理需要在规定的预算范围内，完成装配式建筑的施工任务。项目经理要对物资采购、人力资源调配、设备租赁等进行合理规划，并进行成本核算与控制。同时，项目经理还需要随时关注市场价格波动，寻找更经济、高效的供应商和解决方案。

除了具备相关角色与职责外，项目经理还需要承担重要的责任，主要责任包括：

1）指导并施工管理班组的思想及业务学习，熟悉装配式混凝土建筑施工工艺、质量标准和安全规程，有统筹设计、制造、施工的计划和管理意识。

2）代表企业法人全面负责施工现场生产计划及管理工作，负责生产任务的下达，组织施工，编制并督促进度、计划、质量、安全等规章制度的执行，确保工程顺利进行并达到规定的标准。

3）对新型装配技术提前做好试验和培训计划，以确保其正确运用。

4）协调业主、监理、设计及其他施工方的关系，参加并组织定期例会，做好与各方面的沟通工作。

项目技术负责人的主要职责包括协助项目经理全面负责工程技术工作，组织工人进场前的技术培训及安全教育，熟悉装配式混凝土构件施工技术的各个环节，搜集并整理各项与工程施工有关的技术资料，组织制定和编制施工技术方案及措施，组织技术培训和现场技术问题的处理，并对现场技术管理人员进行施工前的技术交底。在确保各工序质量的同时，应合理安排调度施工班组间的衔接，提高施工工效，从而缩短施工工期，对需要修改、变更、补充的图纸，及时填写设计变更记录及通知单，向各单位及施工作业组传达，保证现场施工图纸的准确、有效。

项目部其他管理人员（如质量员、施工员、安全员、材料员、资料员、造价人员等）也应制定相应的作业内容规定。

4.2 预制构件及材料进场验收

4.2.1 预制构件及材料进场验收程序

现场应落实首件验收制度，所谓首件验收制度，是指按照"预防为主，先导试点"的原则，着眼于各项工程的首件工程质量。对首件工程的各项工艺、技术和质量指标进行综合评价，建立样板工程，以工序质量保分部工程质量，以分部工程质量保子单位工程质量，从而确保本工程项目的工程质量。用以指导后续工程施工，预防后续施工过程中可能产生的质量问题，有效减少返工损失，缩短施工工期。

预制构件的首件验收应按照以下流程进行：

1）提供样品：施工单位应提供预制构件的样品，并向监理单位或相关部门进行报备。

2）检测样品：监理单位或相关部门应对样品进行检测，包括外观检查、尺寸检测、强度性能检测等。

3）检测报告：监理单位或相关部门应出具检测报告，并将结果反馈给施工单位。

4）验收意见：根据检测报告，施工单位应对样品的质量和性能进行评估，并提出验收意见。

5）验收合格：若样品的质量和性能符合要求，则验收合格，可进行批量生产和安装。

在预制构件首件验收过程中，常见的问题主要包括以下几个方面：

1）外观缺陷：预制构件的外观缺陷可能会影响其安装效果和使用寿命，需要及时修复或更换。

2）尺寸偏差：预制构件的尺寸偏差可能会导致安装困难或不稳定，需要及时调整或更换。

3）强度不达标：预制构件的强度不达标可能会影响整体结构的安全性能，需要重新生产或更换。

4）混凝土质量差：预制构件的混凝土质量差可能会导致开裂、脱落等问题，需要进行补救或更换。

5）防水性能不佳：对于需要具备防水性能的预制构件，如防水板、水槽等，若防水性能不佳，可能会导致水分渗透，需要进行修复或更换。

预制构件首件验收是确保预制构件质量和性能的重要环节。通过严格按照验收标准进行检测和评估，能够提高预制构件的质量和性能，确保工程的安全性和可靠性；同时，及时发现和解决常见问题，能够避免后续施工过程中不必要的麻烦和安全隐患。

在进行装配式建筑预制构件制作质量验收现场检查时，需要落实厂家自检、施工单位交接检查、监理单位验收检查、工程师现场完善全过程监督。预制构件及材料进场验收应根据构件类型及相关单位要求开展相应工作，预制构件的检验要求和试验方法应符合《混凝土结构工程施工质量验收规范》GB 50204 的相关要求。

对预制梁、预制板、预制楼梯等梁板类简支受弯构件，当使用数量较多（一般指构件数量 ≥ 50 件）时，以及设计提出要做结构性能检验的叠合梁及其他构件，进场时应开展结构性能检验。结构性能检验应符合国家现行有关标准的有关规定及设计的要求，检验要求和试验方法应符合《混凝土结构工程施工质量验收规范》GB 50204—2015 附录 B 的规定。

钢筋混凝土构件和允许出现裂缝的预应力混凝土构件应进行承载力、挠度和裂缝宽度检验；不允许出现裂缝的预应力混凝土构件应进行承载力、挠度和抗裂检验。对大型构件及有可靠应用经验的构件（大型构件一般指跨度大于 18m 的构件，可靠应用经验指该单位生产的标准构件在其他工程中已多次应用），可只进行裂缝宽度、抗裂和挠度检验。

结构性能检验通常应在构件进场时进行，但考虑检验的方便性，工程中多在各方参与下在预制构件生产场地进行。结构性能检验应出具正式的质量证明文件、外观尺寸和标识以及结构性能检验报告。

对其他预制构件或预制梁、预制板、预制楼梯等梁板类简支受弯构件，当使用数量较少时，除设计有专门要求外，进场时可不做结构性能检验。

对进场时不做结构性能检验的预制构件，应采取下列措施：

1）施工单位或监理单位代表应驻厂监督生产过程，驻厂代表按照规范要求在预制构件生产过程中进行了监督以及生产见证的，在厂里进行的结构性检测或实体检验都合格的，在预制构件进入施工现场时可以不做结构性能检测，但要出具正式的经监督代表确认的质量证明文件、外观尺寸与标识和构件生产过程中的关键检查记录文件。

2）如果没有施工或监理单位代表驻厂监造时，应进行构件的实体检验，对预制构件实体检验可按下列原则进行：

（1）实体检验宜采用非破损方法，也可采用破损方法。非破损方法采用专业仪器，并符合国家现行相关标准的规定。

（2）检查数量可根据工程情况由各方商定。一般情况下，可按不超过 1000 个同类型预制构件为一批，每批抽取构件数量的 2% 且不少于 1 个构件。

（3）检验方法和试验方法应符合《混凝土结构工程施工质量验收规范》GB 50204—2015 附录 E 的规定。

（4）构件的实体检验应出具正式的质量证明文件、外观尺寸与标识、构件生产过程关键检查记录文件和构件实体检验报告。

开展预制构件的实体强度检验应满足以下规定：

1）同条件养护试件的留置方式和取样数量，应由监理（建设）、施工等各方共同选定，并应符合下列规定：

（1）对混凝土结构工程中的各混凝土强度等级，均应留置同条件养护试件；

（2）同一强度等级的同条件养护试件，其留置的数量应根据混凝土工程量和重要性确定，不宜少于 10 组，且不应少于 3 组，每连续两层楼取样不得少于 1 组；

（3）同条件养护试件的留置宜均匀分布于工程施工周期内，两组试件留置之间浇筑的混凝土量不宜大于 1000m³；

（4）同条件养护试件拆模后，应放置在靠近相应结构构件或结构部位的适当位置，并应采取相同的养护方法。

2）同条件养护试件的强度代表值应根据强度试验结果，按现行国家标准《混凝土强度检验评定标准》GB/T 50107 的规定确定后，除以 0.88 后使用。

3）当同条件养护试件强度的检验结果符合现行国家标准《混凝土强度检验评定标准》GB/T 50107 的有关规定时，混凝土强度应判为合格。

4.2.2　预制构件的常见质量缺陷

预制混凝土受设计、生产、搬运、运输、安装、工作现场条件、环境等因素的影响。预制构件外观上的缺陷是在预制构件生产中，由于混凝土配合比变化、水泥质量差异、砂石料规格不同、施工工艺水平、蒸养工序不同、过程控制、等因素造成预制构件质量可控性较差而产生各种各样的质量通病，如麻面、孔洞、蜂窝、气泡等缺陷。

依据对结构性能、安装、使用功能影响的严重程度，上述缺陷可划分为两类：一般缺陷和严重缺陷。当这些缺陷对结构、建筑通常都没有很大影响时，属于一般质量缺陷，但在外观要求较高的项目（如清水混凝土项目）中，这类问题就会成为主要问题，如平整度超差、构件几何尺寸偏差等这类质量问题不一定会造成结构缺陷，但可能影响建筑功能和施工效率，裂纹、强度不足、钢筋保护层问题等这类质量通病可能影响到结构安全，这时就属于严重缺陷。预制构件外观质量缺陷分类如表 4.2-1 所示。

预制构件外观质量缺陷分类　　　　　　　　　　　　　　表 4.2-1

缺陷名称	现象	严重缺陷	一般缺陷
露筋	构件内钢筋未被混凝土包裹而外露	纵向受力钢筋有露筋	其他钢筋有少量露筋
蜂窝	混凝土表面缺少水泥砂浆而形成石子外露	构件主要受力部位有蜂窝	其他部位有少量蜂窝
孔洞	混凝土中孔穴深度和长度均超过保护层厚度	构件主要受力部位有孔洞	其他部位有少量孔洞
夹渣	混凝土中夹有杂物且深度超过保护层厚度	构件主要受力部位有夹渣	其他部位有少量夹渣
疏松	混凝土中局部不密实	构件主要受力部位有疏松	其他部位有少量疏松
裂缝	缝隙从混凝土表面延伸至混凝土内部	构件主要受力部位有影响结构性能或使用功能的裂缝	其他部位有少量不影响结构性能或使用功能的裂缝

续表

缺陷名称	现象	严重缺陷	一般缺陷
连接部位缺陷	构件连接处混凝土缺陷及连接钢筋、连结件松动，插筋严重锈蚀、弯曲，灌浆套筒堵塞、偏位，灌浆孔洞堵塞、偏位、破损等缺陷	连接部位有影响结构传力性能的缺陷	连接部位有基本不影响结构传力性能的缺陷
外形缺陷	缺棱掉角、棱角不直、翘曲不平、飞出凸肋等，装饰面砖粘结不牢、表面不平、砖缝不顺直等	清水或具有装饰的混凝土构件内有影响使用功能或装饰效果的外形缺陷	其他混凝土构件有不影响使用功能的外形缺陷
外表缺陷	构件表面麻面、掉皮、起砂、粘污等	具有重要装饰效果的清水混凝土构件有外表缺陷	其他混凝土构件有不影响使用功能的外表缺陷

4.2.3　预制构件的几种常见质量缺陷的成因及避免措施

1. 蜂窝

指混凝土结构局部出现酥松，砂浆少、石多，气泡或石之间形成空隙，类似蜂窝状的窟窿。

其产生原因是：

（1）混凝土配合比不当或砂、石、水泥、水计量不准，造成砂浆少、石多。砂、石级配不好，砂少、石多。

（2）混凝土搅拌时间不够，搅拌不均匀，和易性差。

（3）模具缝隙未堵严，造成浇筑振捣时缝隙漏浆。

（4）一次性浇筑混凝土或分层不清。

（5）混凝土振捣时间短，混凝土不密实。

预控措施：

（1）严格控制混凝土配合比，做到计量准确，混凝土拌合均匀，坍落度适合。

（2）控制混凝土搅拌时间，最短不得少于规范规定。

（3）模具拼缝严密。

（4）混凝土浇筑应分层下料（预制构件端面高度大于 300mm 时，应分层浇筑，每层混凝土浇筑高度不得超过 300mm），分层振捣，直至气泡排除为止。

（5）混凝土浇筑过程中应随时检查模具有无漏浆、变形。若有漏浆、变形时，应及时采取补救措施。

（6）振捣设备应根据不同的混凝土品种、工作性和预制构件的规格、形状等因素确定，振捣前应制定合理的振捣成型操作规程。

2. 麻面

指构件表面局部出现缺浆粗糙或形成许多小坑、麻点等，形成一个粗糙面。

其产生原因是：

（1）模具表面粗糙或粘附水泥浆渣等杂物，未清理干净，拆模时混凝土表面被粘坏。

（2）模具清理及脱模剂涂刷工艺不当，致使混凝土中水分被模具吸去，使混凝土失水过多而出现麻面。

（3）模具拼缝不严局部漏浆。

（4）模具隔离剂涂刷不匀，或局部漏刷或失效，混凝土表面与模板粘结而造成麻面。

（5）混凝土振捣不实，气泡未排出，停在模板表面而形成麻点。

预控措施：

（1）构件生产前，需要将模具表面清理干净，做到表面平整、光滑，保证不出现生锈现象。

（2）模具和混凝土的接触面应涂抹隔离剂，在进行隔离剂的涂刷过程中一定要均匀，不能出现漏刷或积存。

（3）混凝土应分层均匀振捣密实，至排除气泡为止。

（4）浇筑混凝土前，认真检查模具的牢固性及缝隙是否堵好。

（5）露天生产时，应有相应的质量保证措施。

3. 孔洞

指混凝土中孔穴深度和长度均超过保护层厚度。

其产生的原因是：

（1）在钢筋较密的部位或预留孔洞和埋件处，混凝土下料被阻隔，未振捣就继续浇筑上层混凝土。

（2）混凝土离析，砂浆分离，石子成堆，严重跑浆，又未进行振捣。

（3）混凝土一次下料过多、过厚，振捣器振动不到，形成松散孔洞。

（4）混凝土内掉入泥块等杂物，混凝土被卡住。

预控措施：

（1）在钢筋密集处及复杂部位，采用细石混凝土浇灌。

（2）认真分层振捣密实，严防漏振。

（3）砂、石中混有黏土块、模具工具等杂物掉入混凝土内，应及时清除干净。

4. 气泡

指预制构件脱模后，构件表面存在除个别大气泡外，细小气泡多，呈片状密集。

其产生的原因是：

（1）砂、石级配不合理，粗集料过多，细集料偏少。

（2）骨料大小不当，针片状颗粒含量过多。

（3）用水量较大，水灰比较高的混凝土。

（4）脱模剂质量效果差或选择的脱模剂不合适。

（5）与混凝土浇筑中振捣不充分、不均匀有关。往往浇筑厚度超过技术规范要求，由于气泡行程过长，即使振捣的时间达到要求，气泡也不能完全排出。

预控措施：

（1）严格把好材料关，控制骨料大小和针片状颗粒含量，备料时要认真筛选，剔除不合格材料。

（2）优化混凝土配合比。

（3）模板应清理干净，选择效果较好的脱模剂，脱模剂要涂抹均匀。

（4）分层浇筑，一次放料高度不宜超过 300mm。对于较长的构件预制梁，要指挥天车来回移动，均匀布料。

（5）要选择适宜的振捣设备、最佳的振捣时间。振捣过程中，要按照"快插慢抽、上下抽拔"的方法，操作振捣棒要直上直下、快插慢拔，不得漏振。振动时，要上下抽动，每一振点的延续时间以表面呈现浮浆为度，以便将气泡排出。振捣棒插到上一层的浇筑面下 100mm 为宜，使上下层混凝土结合成整体，严防出现混凝土的欠振、漏振和超振现象。

5. 露筋

指混凝土内部钢筋裸露在构件表面。

其产生的原因是：

（1）浇筑混凝土时，钢筋保护层垫块移位或垫块太少或漏放，致使钢筋紧贴模具外露。

（2）结构构件截面小，钢筋过密，石子卡在钢筋上，使水泥砂浆不能充分满布钢筋周围，造成露筋。

（3）混凝土配合比不当，产生离析，靠模具部位缺浆或模具漏浆。

（4）混凝土保护层太小或保护层处混凝土漏振或振捣不实，或振捣棒撞击钢筋或踩踏钢筋，使钢筋移位，造成露筋。

（5）脱模过早，拆模时缺棱掉角，导致露筋。

预控措施：

（1）钢筋保护层垫块厚度、位置应准确，垫足垫块并固定好，加强检查。

（2）钢筋稠密区域，按规定选择适当的石子粒径，最大粒径不得超过结构界面最小尺寸的 1/3。

（3）保证混凝土配合比准确及良好的和易性。

（4）模板应认真堵好缝隙。

（5）混凝土振捣严禁撞击钢筋，操作时避免踩踏钢筋。如有踩弯或脱扣等，应及时调整。

（6）正确掌握脱模时间，防止过早拆模、碰坏棱角。

6. 裂缝

裂纹从混凝土表面延伸至混凝土内部，按照深度不同，可分为表面裂纹、深层裂纹和贯穿裂纹。贯穿性裂缝或深层的结构裂缝对构件的强度、耐久性、防水等造成不良影响，对钢筋的保护尤其不利。

产生的原因是：

（1）混凝土失水干缩引起裂缝：成型后养护不当，受到风吹日晒，表面水分散失快。

（2）采用含泥量大的粉砂配制混凝土，收缩大，抗拉强度低。

（3）不当荷载作用引起结构裂缝，构件上部放置其他荷载物。

（4）蒸汽养护过程中，升温、降温太快。

（5）预制构件吊装、码放不当而引起裂缝。

（6）预制构件在运输及库区堆放过程中，支垫位置不对而产生裂缝。

（7）预制构件较薄、跨度大，易引起裂缝。

（8）构件拆模过早，混凝土强度不足，使得构件在自重或施工荷载下产生裂缝。

（9）钢筋保护层过大或过小。

预控措施：

（1）成型后及时覆盖养护，保湿、保温。

（2）优化混凝土配合比，控制混凝土自身收缩。

（3）控制混凝土水泥用量，水灰比和砂率不要过大。严格控制砂、石含泥量，避免使用过量粉砂。

（4）制定详细的构件脱模吊装、码放、倒运、安装方案并严格执行。

构件堆放时，支点位置不应引起混凝土发生过大拉应力。堆放场地应平整夯实，有排水措施。堆放时垫木要规整，水平方向要位于同一水平线上，竖向要位于同一垂直线上。堆放高度视构件强度、地面耐压力、垫木强度和堆垛稳定性而定。禁止在构件上部放置其他荷载及人员踩踏。

（5）根据实际生产情况制定各类型构件养护方式，设置专人进行养护。拆模吊装前必须委托试验室做试块抗压报告，在接到试验室强度报告合格单后再对构件实施脱模作业，从而保证构件的质量。要保证预制构件在规定时间内达到脱模要求值，要求劳务班组优化支模、绑扎等工序作业时间，加强落实蒸养制度，加强对劳务班组（蒸养人员）的管理等。

（6）构件生产过程严格按照图纸及变更施工，从而保证钢筋保护层厚度符合要求。在钢筋制作中，需要严格控制钢筋间距和保护层的厚度。如果钢筋保护层出现过厚的现象，需要对其进行防裂措施。同时，需要对管道预埋部位以及洞口和边角部位采取一定的构造加强措施。

（7）减少构件制作跨度，尤其是叠合板构件。叠合板在吊装过程中经常会因为跨度过大而断裂。为了解决这一问题，可以事先与设计单位沟通，建议设计单位在进行构件设计时充分考虑这一问题，尽量将叠合板跨度控制在板的挠度范围内，以减少现场吊装过程中叠合板的损坏。

4.2.4　预制构件的外观质量缺陷和外观质量的检验要求

预制构件的外观质量缺陷和外观质量的一般缺陷，可按国家现行有关标准的规定进行判断；对于预制构件的严重缺陷及影响结构性能和安装、使用功能的尺寸偏差，处理方式主要包括：

1）对已经出现的严重缺陷，应由施工单位根据缺陷的具体情况提出技术处理方案，经监理单位认可后进行处理，并重新检查验收。对于影响结构安全的严重缺陷，除上述程序外，技术处理方案尚应经设计单位认可。

2）对已经出现的一般缺陷，也应及时处理，并重新检查验收。

3）对超过尺寸允许偏差且影响结构性能或安装、使用功能的部位，应由施工单位提出技术处理方案，并经监理、设计单位认可后进行处理。对经处理的部位应重新验收。

专业企业生产的预制构件，应由预制构件生产企业按技术方案处理，并重新检查验收。

预制构件的预埋件和预留孔洞等应在进场时按设计要求抽检，合格后方可使用，避免在构件安装时发现问题而造成不必要的损失。

预制构件表面的标识应清晰、可靠，以确保能够识别预制构件的"身份"，并在施工全过程中对发生的质量问题可追溯。预制构件表面的标识内容一般包括生产单位、构件型号、生产日期、质量验收标志等。如有必要，尚须通过约定标识表示构件在结构中安装的位置和方向、吊运过程中的朝向等。

4.2.5　常见预制构件相关尺寸允许偏差及检测方法

预制构件出模后，应及时对其外观质量进行全数目测检查。预制构件外观质量不应有缺陷，对已经出现的严重缺陷应制定技术处理方案进行处理并重新检验，对出现的一般缺陷应进行修整并达到合格。

同时，预制构件不应有影响结构性能、安装和使用功能的尺寸偏差。对超过尺寸允许偏差且影响结构性能和安装、使用功能的部位应经原设计单位认可，制定技术处理方案进行处理并重新检查验收。

由于轨道交通预制装配相关规范较少，因此本书将参考《装配式混凝土建筑技术标准》GB/T 51231 中对预制构件的相关规定，针对几种常见的预制构件类型的外形尺寸允许偏差及检验方法进行相关介绍。

1. 预制楼板类构件偏差及检验项目

预制板类构件的检验项目主要包括规格尺寸（长度、宽度和高度），表面平整度侧向弯曲、扭翘等外形质量，预埋部件（如预埋钢板、预埋螺栓、预埋线盒电盒），预留孔洞，预留插筋、吊环、桁架筋高度等项目，具体要求如表 4.2-2 所示。

<table>
<tr><td colspan="3" align="center">预制板类构件的检验项目</td><td align="right">表 4.2-2</td></tr>
<tr><td>项次</td><td colspan="2">检查项目</td><td>允许偏差（mm）</td><td>检验方法</td></tr>
<tr><td rowspan="3">1</td><td rowspan="3">规格尺寸</td><td rowspan="3">长度</td><td>＜12m</td><td>±5</td><td rowspan="3">用尺量两端及中间部，取其中偏差绝对值较大值</td></tr>
<tr><td>≥12m 且＜18m</td><td>±10</td></tr>
<tr><td>≥18m</td><td>±20</td></tr>
</table>

续表

项次	检查项目			允许偏差（mm）	检验方法
2	规格尺寸	宽度		±5	用尺量两端及中间部，取其中偏差绝对值较大值
3		厚度		±5	用尺量板四角和四边中部位置共 8 处，取其中偏差绝对值较大值
4	外形	对角线差		6	在构件表面，用尺量测两对角线的长度，取其绝对值的差值
5		表面平整度	内表面	4	用 2m 靠尺安放在构件表面上，用楔形塞尺量测靠尺与表面之间的最大缝隙
			外表面	3	
6		楼板侧向弯曲		L/750 且 ≤20mm	拉线，钢尺量最大弯曲处
7		扭翘		L/750	四对角拉两条线，量测两线交点之间的距离，其值的 2 倍为扭翘值
8	预埋部件	预埋钢板	中心线位置偏差	5	用尺量测纵横两个方向的中心线位置，取其中较大值
			平面高差	0，−5	用尺紧靠在预埋件上，用楔形塞尺量测预埋件平面与混凝土面的最大缝隙
9		预埋螺栓	中心线位置偏移	2	用尺量测纵横两个方向的中心线位置，取其中较大值
			外露长度	+10，−5	用尺量
10		预埋线盒、电盒	在构件平面的水平方向中心位置偏差	10	用尺量
			与构件表面混凝土高差	0，−5	用尺量
11	预留孔	中心线位置偏移		5	用尺量测纵横两个方向的中心线位置，取其中较大值
		孔尺寸		±5	用尺量测纵横两个方向尺寸，取其最大值
12	预留洞	中心线位置偏移		5	用尺量测纵横两个方向的中心线位置，取其中较大值
		洞口尺寸、深度		±5	用尺量测纵横两个方向尺寸，取其最大值
13	预留插筋	中心线位置偏移		3	用尺量测纵横两个方向的中心线位置，取其中较大值
		外露长度		±5	用尺量
14	吊环、木砖	中心线位置偏移		10	用尺量测纵横两个方向的中心线位置，取其中较大值
		留出高度		0，−10	用尺量
15	桁架钢筋高度			+5，0	用尺量

2. 预制墙类构件偏差及检验项目

预制墙类构件的检验项目主要包括规格尺寸（长度、宽度和高度），表面平整度侧向弯曲、扭翘等外形质量，预埋部件（如预埋钢板、预埋螺栓、预埋套筒、预埋螺母），预留孔洞，预留插筋、吊环、键槽、灌浆套筒及连接钢筋等项目，具体要求如表 4.2-3 所示。

预制墙类构件的检验项目　　　　　　　　　　表 4.2-3

项次	检查项目			允许偏差（mm）	检验方法
1	规格尺寸	高度		±4	用尺量两端及中间部，取其中偏差绝对值较大值
2		宽度		±4	用尺量两端及中间部，取其中偏差绝对值较大值
3		厚度		±3	用尺量板四角和四边中部位置共 8 处，取其中偏差绝对值较大值
4	对角线差			5	在构件表面，用尺量测两对角线的长度，取其绝对值的差值
5	外形	表面平整度	内表面	4	用 2m 靠尺安放在构件表面上，用楔形塞尺量测靠尺与表面之间的最大缝隙
			外表面	3	
6		侧向弯曲		$L/1000$ 且 ≤20mm	拉线，钢尺量最大弯曲处
7		扭翘		$L/1000$	四对角拉两条线，量测两线交点之间的距离，其值的 2 倍为扭翘值
8	预埋部件	预埋钢板	中心线位置偏移	5	用尺量测纵横两个方向的中心线位置，取其中较大值
			平面高差	0，−5	用尺紧靠在预埋件上，用楔形塞尺量测预埋件平面与混凝土面的最大缝隙
9		预埋螺栓	中心线位置偏移	2	用尺量测纵横两个方向的中心线位置，取其中较大值
			外露长度	+10，−5	用尺量
10		预埋套筒、螺母	中心线位置偏移	2	用尺量测纵横两个方向的中心线位置，取其中较大值
			平面高差	0，−5	用尺紧靠在预埋件上，用楔形塞尺量测预埋件平面与混凝土面的最大缝隙
11	预留孔	中心线位置偏移		5	用尺量测纵横两个方向的中心线位置，取其中较大值
		孔尺寸		±5	用尺量测纵横两个方向尺寸，取其最大值
12	预留洞	中心线位置偏移		5	用尺量测纵横两个方向的中心线位置，取其中较大值
		洞口尺寸、深度		±5	用尺量测纵横两个方向尺寸，取其最大值
13	预留插筋	中心线位置偏移		3	用尺量测纵横两个方向的中心线位置，取其中较大值
		外露长度		±5	用尺量
14	吊环、木砖	中心线位置偏移		10	用尺量测纵横两个方向的中心线位置，取其中较大值
		与构件表面混凝土高差		0，−10	用尺量
15	键槽	中心线位置偏移		5	用尺量测纵横两个方向的中心线位置，取其中较大值
		长度、宽度		±5	用尺量
		深度		±5	用尺量
16	灌浆套筒及连接钢筋	灌浆套筒中心线位置		2	用尺量测纵横两个方向的中心线位置，取其中较大值

项次	检查项目		允许偏差（mm）	检验方法
16	灌浆套筒及连接钢筋	连接钢筋中心线位置	2	用尺量测纵横两个方向的中心线位置，取其中较大值
		连接钢筋外露长度	+10，0	用尺量

3. 预制梁、柱类构件偏差及检验项目

预制梁、柱类构件的检验项目主要包括规格尺寸（长度、宽度和高度），表面平整度、侧向弯曲等外形质量，预埋部件（如预埋钢板、预埋螺栓），预留孔洞，预留插筋、吊环、键槽、灌浆套筒及连接钢筋等项目，具体要求如表4.2-4所示。

预制梁、柱类构件的检验项目 　　　　　　　　　表4.2-4

项次	检查项目			允许偏差（mm）	检验方法
1	规格尺寸	长度	＜12m	±5	用尺量两端及中间部，取其中偏差绝对值较大值
			≥12m且＜18m	±10	
			≥18m	±20	
2	规格尺寸	宽度		±5	用尺量两端交中间部，取其中偏差绝对值较大值
3		高度		±5	用尺量板四角和四边中部位置共8处，取其中偏差绝对值较大值
4	表面平整度			4	用2m靠尺安放在构件表面上，用楔形塞尺量靠尺与表面之间的最大缝隙
5	侧向弯曲	梁柱		$L/750$且$\leqslant 20mm$	拉线，钢尺量最大弯曲处
		桁架		$L/1000$且$\leqslant 20mm$	
6	预埋部件	预埋钢板	中心线位置偏移	5	用尺量测纵横两个方向的中心线位置，取其中较大值
			平面高差	0，−5	用尺紧靠在预埋件上，用楔形塞尺量预埋件平面与混凝土面的最大缝隙
7		预埋螺栓	中心线位置偏移	2	用尺量测纵横两个方向的中心线位置，取其中较大值
			外露长度	+10，−5	用尺量
8	预留孔		中心线位置偏移	5	用尺量测纵横两个方向的中心线位置，取其中较大值
			孔尺寸	±5	用尺量测纵横两个方向尺寸，取其最大值
9	预留洞		中心线位置偏移	5	用尺量测纵横两个方向的中心线位置，取其中较大值
			洞口尺寸、深度	±5	用尺量测纵横两个方向尺寸，取其最大值
10	预留插筋		中心线位置偏移	3	用尺量测纵横两个方向的中心线位置，取其中较大值
			外露长度	±5	用尺量
11	吊环		中心线位置偏移	10	用尺量测纵横两个方向的中心线位置，取其中较大值

项次	检查项目		允许偏差（mm）	检验方法
11	吊环	留出高度	0，−10	用尺量
12	键槽	中心线位置偏移	5	用尺量测纵横两个方向的中心线位置，取其中较大值
		长度、宽度	±5	用尺量
		深度	±5	用尺量
13	灌浆套筒及连接钢筋	灌浆套筒中心线位置	2	用尺量测纵横两个方向的中心线位置，取其中较大值
		连接钢筋中心线位置	2	用尺量测纵横两个方向的中心线位置，取其中较大值
		连接钢筋外露长度	+10，0	用尺量测

预制构件的尺寸偏差及检验方法应符合表 4.2-5 的规定；设计有专门规定时，尚应符合设计要求。施工过程中临时使用的预埋件，其中心线位置允许偏差可取表 4.2-5 中规定数值的 2 倍。

预制构件尺寸的允许偏差及检验方法　　　　　　　表 4.2-5

项目			允许偏差（mm）	检验方法
长度	楼板、梁、柱、桁架	＜12m	±5	尺量
		≥12m 且＜18m	±10	
		≥18m	±20	
	墙板		±4	
宽度、高（厚）度	楼板、梁、柱、桁架		±5	尺量一端及中部，取其中偏差绝对值较大处
	墙板		±4	
表面平整度	楼板、梁、柱、墙板内表面		5	2m 靠尺和塞尺量测
	墙板外表面		3	
侧向弯曲	楼板、梁、柱		$L/750$ 且 ≤20	拉线、直尺量测最大侧向弯曲处
	墙板、桁架		$L/1000$ 且 ≤20	
翘曲	楼板		$L/750$	调平尺在两端量测
	墙板		$L/1000$	
对角线	楼板		10	尺量两个对角线
	墙板		5	
预留孔	中心线位置		5	尺量
	孔尺寸		±5	
预留洞	中心线位置		10	尺量
	洞口尺寸、深度		±10	

项目		允许偏差（mm）	检验方法
预埋件	预埋板中心线位置	5	尺量
	预埋板与混凝土面平面高差	0，−5	
	预埋螺栓	2	
	预埋螺栓外露长度	+10，−5	
	预埋套筒、螺母中心线位置	2	
	预埋套筒、螺母与混凝土面平面高差	±5	
预留插筋	中心线位置	5	尺量
	外露长度	+10，−5	
键槽	中心线位置	5	尺量
	长度、宽度	±5	
	深度	±10	

4.2.6　灌浆料进场验收

装配式结构用灌浆料是一种预制加工好的混凝土材料，主要成分包括水泥、砂、石子、添加剂等，其中添加剂可以改善灌浆料的流动性、硬化速度和强度等性能。

灌浆料具有较高的流动性，可以保证在接触面裂缝和空隙中填充，从而提高结构的整体承载能力，硬化后强度高、粘结性好，能够密实地粘合建筑结构内部的材料，减少结构松动和振动，并能够延长结构的使用寿命；同时，灌浆料耐久性也很好，能够在长期的使用和恶劣的天气条件下保持稳定的性能。其施工简单，可以直接灌入流道中，填充结构内部的空隙和裂缝，节约施工时间和劳动力成本。

根据连接方式不同，分为套筒灌浆料和钢筋浆锚搭接连接接头用灌浆料。套筒灌浆料又分为常温型和低温型两种。

常温型套筒灌浆料是指适用于灌浆施工及养护过程中 24h 内灌浆部位环境温度不低于 5℃的套筒灌浆料。使用该类型灌浆料时，其施工及养护过程中 24h 内灌浆部位所处的环境温度不应低于 5℃。

低温型套筒灌浆料是指适用于灌浆施工及养护过程中 24h 内灌浆部位环境温度范围为 −5～10℃的套筒灌浆料。低温型套筒灌浆料使用时，施工及养护过程中 24h 内灌浆部位所处的环境温度不应低于−5℃，且不宜超过 10℃。

灌浆料出厂时应进行出厂检验，灌浆料的试验检测项目主要包括其拌合物初始及 30min 流动度、泌水率及 1d 强度、3d 强度、28d 强度（低温型套筒灌浆料为−7d＋28d 强度），3h 及 24h 与 3h 差值竖向膨胀率、氯离子含量、28d 自干燥收缩进行检验，在检验试件制作方面，常温型套筒灌浆料检验试件成型时试验室的温度应为 20±2℃，相对湿度应大于 50%，养护室的温度应为 20 ± 1℃，养护室的相对湿度不应低于 90%，养护用水的温度应为 20 ± 1℃，低温型套筒灌浆料检验试件成型时试验室的温度应为 −5 ± 2℃，养护室的温度应为 −5 ± 1℃。

同一成分、同一工艺、同一批号的灌浆料，检验批量不应大于 50t。检验方法根据建筑工业标准行业标准《钢筋连接用套筒灌浆料》JG/T 408 的有关规定进行。

常温型套筒灌浆料的性能应符合表 4.2-6 的规定。

常温型套筒灌浆料的性能指标　　　　表 4.2-6

检测项目		性能指标
流动性（mm）	初始	≥300
	30min	≥260
抗压强度（MPa）	1d	≥35
	3d	≥60
	28d	≥85
竖向膨胀率（%）	3h	0.02～2
	24h 与 3h 差值	0.02～0.40
28d 自干燥收缩（%）		≤0.045
氯离子含量（%）		≤0.03
泌水率（%）		0

注：氯离子含量以灌浆料总量为基准。

低温型套筒灌浆料的性能应符合表 4.2-7 的规定。

低温型套筒灌浆料的性能指标　　　　表 4.2-7

检测项目		性能指标
−5℃流动性（mm）	初始	≥300
	30min	≥260
8℃流动性（mm）	初始	≥300
	30min	≥260
抗压强度（MPa）	1d	≥35
	3d	≥60
	−7d + 28d	≥85
竖向膨胀率（%）	3h	0.02～2
	24h 与 3h 差值	0.02～0.40
28d 自干燥收缩/（%）		≤0.045
氯离子含量/（%）		≤0.03
泌水率/（%）		0

注：1. −1d 代表在负温养护 1d，−3d 代表在负温养护 3d，−7d + 21d 代表在负温养护 7d 转标养 21d；
　　2. 氯离子含量以灌浆料总量为基准。

有下列情形之一时，应进行型式检验：

1）新产品的定型鉴定；

2）正式生产后如材料及工艺有较大变动，有可能影响产品质量时；

3）停产半年以上恢复生产时；

4）型式检验超过一年时。

所谓型式检验，是对某一类或一组产品的典型样品（即"型式"）进行测试和评估，以确定这类产品是否符合特定的技术标准、法规、规范和要求。在型式检验中，不需要对每个单独的产品进行测试，而是通过测试代表性样品来推断整个产品类别的合规性和性能。型式检验的目的是验证产品在设计、制造和使用方面的一致性，以及确保产品在市场上销售和使用时的安全性、可靠性和合规性。这种检验方法能够高效地减少重复性测试，降低检测成本，同时确保产品质量和安全。

灌浆料的型式检验项目应包括表 4.2-6、表 4.2-7 规定的全部检测项目。

灌浆料的出场检验和型式检验取样时，在 15d 内生产的同配方、同批号原材料的产品应以 50t 作为一生产批号，不足 50t 也应作为一生产批号。取样应有代表性，可从多个部位取等量样品，样品总量不应少于 30kg。取样方法应按《水泥取样方法》GB/T 12573 的有关规定进行。

出厂检验和型式检验若有一项指标不符合要求，应从同一批次产品中重新取样，对所有项目进行复验。复试合格判定为合格品，复试不合格判定为不合格品。

4.2.7　坐浆料的进场检验

坐浆料是以水泥为胶凝材料，配以细骨料，以及外加剂和其他功能材料组成的特种干混砂浆材料。加水搅拌后可塑性好，硬化后具有早强、高强、微膨胀等性能，适用于预制构件连接接缝处的分仓、封仓或垫层等。

进场的坐浆料应查验和收存型式检验报告、使用说明书、出厂检验报告（或产品合格证）等质量证明文件。

出厂检验报告内容应包括：产品名称和型号、检验依据标准、生产日期、用水量、跳桌流动度、保水率、凝结时间、1d 抗压强度、竖向膨胀率、氯离子含量、检验部门规章、检验人员签字（或代号），坐浆料的主要性能和试验方法应符合表 4.2-8 的规定。当用户需要时，生产厂家应在坐浆料发出之日起 7d 内补发 3d 抗压强度值，32d 内补发 28d 抗压强度值。

坐浆料主要性能指标和试验方法 表 4.2-8

检验项目	性能指标		试验方法
	I 类	II 类	
跳桌流动度（mm）	150~220		跳桌流动度试验
保水率（%）	≥88		按《建筑砂浆基本性能试验方法标准》JGJ/T 70 的规定执行

续表

检验项目		性能指标		试验方法
		Ⅰ类	Ⅱ类	
凝结时间（min）		60～240		按《建筑砂浆基本性能试验方法标准》JGJ/T 70 的规定执行
抗压强度（MPa）	1d	≥20	≥30	强度试验
	3d	≥35	≥50	
	28d	≥60	≥80	
竖向膨胀率（%）	24h	0.02～0.3		竖向膨胀率试验
氯离子（%）		≤0.03		按《混凝土外加剂匀质性试验方法》GB/T 8077 的规定执行

注：装配式混凝土建筑工程坐浆施工宜选用Ⅰ类坐浆料，预制拼装墩台和高层装配式混凝土建筑工程坐浆施工应选用Ⅱ类
坐浆料。

流动度试验应按下列步骤进行：

1）称取 1800g 坐浆料，精确至 5g；按照产品设计（说明书）要求的用水量称量好拌合用水，精确至 1g。

2）湿润搅拌锅和搅拌叶，但不得有明水。将坐浆料倒入搅拌锅中，开启搅拌机，同时加入拌合用水，应在 10s 内加完。

3）按水泥胶砂搅拌机的设定程序搅拌 240s。

坐浆料是一种以水泥为胶结材料、配以复合外加剂和高强骨料。浆料强度等级应不低于 40MPa，主要应用于装配式构件的混凝土垫层施工。

强度试验试件应采用尺寸为 40mm×40mm×160mm 的棱柱体，强度试验应按下列步骤进行：

1）称取 1800g 坐浆料，精确至 5g；按照产品设计（说明书）要求的用水量称量好拌合用水，精确至 1g。

2）湿润搅拌锅和搅拌叶，但不得有明水。将坐浆料倒入搅拌锅中，开启搅拌机，同时加入拌合用水，应在 10s 内加完。

3）按水泥胶砂搅拌机的设定程序搅拌 240s。

4）坐浆料的成型、养护、强度的试验应按《水泥胶砂强度检验方法（ISO 法）》GB/T 17671 中的有关规定执行。

竖向膨胀率测试仪器和测量装置应符合《混凝土外加剂应用技术规范》GB 50119—2013 附录 C 的规定，并按下列步骤进行：

1）称取 2400g 坐浆料，精确至 5g；按照产品设计（说明书）要求的用水量称量好拌合用水，精确至 1g。

2）按照上述跳桌流动度试验的有关规定拌合坐浆料。

3）将搅拌好的坐浆料一次性贯入试模中，并高出试模表面，将试模置于混凝土振实台上振动直至表面出浆为止。抹平坐浆料表面，并使成型后的坐浆料表面略高于试模上口 1～

2mm；然后，盖上玻璃板，玻璃板应平放在试模中间位置，其左右两边与试模内侧边应留出 10mm 的空隙。

4）玻璃片两侧坐浆料表面，用小刀轻轻抹成斜坡，斜坡的高边与玻璃相平。斜坡的低边与试模内侧顶面相平。抹斜坡的时候不应超过 30s。之后，30s 内用两层湿棉布覆盖在玻璃板两侧砂浆表面，湿棉布的两端放入盛水的容器中。

5）把钢质压块置于玻璃板中央，再把千分表测量头垂放在钢质压块上，在 30s 内记录千分表读数h_0，为初始读数。

6）自加水拌合时起于 24h 记取千分表读数h_t。

7）从测量初始读数开始，测量装置和试件应保持静止不动，并不得振动。

8）成型温度和养护温度应为 20 ± 2℃。

9）竖向膨胀率应按下式计算，试验结果取一组三个试件的算术平均值。

$$\varepsilon_t = \frac{h_t - h_0}{h} \times 100$$

式中　ε_t——竖向膨胀率（%）；

　　h_0——试件高度的初始读数（mm）；

　　h_t——试件龄期为t时的高度读数（mm）；

　　h——试件基准高度，取 100mm。

坐浆料应进行进场检验，并按规定进行复验，经监理工程师检查认可，合格后方可用于施工，复验项目应包括坐浆料性能和净含量。

坐浆料包装净含量应符合下列规定，否则判定为不合格品：

1）随机抽取同种规格不少于 5 袋产品，每袋净质量不得少于标识质量的 99%，总净含量不得少于标识质量总和，当同种规格少于 5 袋时应全数检验；

2）坐浆料应采用防潮袋包装，其他包装形式可由供需双方协商确定，但净含量应符合以上第 1）款的规定。

复检时，同厂家同规格同批次坐浆料每 200 应为一个检验批，不足 200t 应按一个检验批计，每一检验批应为一个取样单位。取样方法应按《水泥取样方法》GB/T 12573 的有关规定进行。取样应具有代表性，样品总量不得少于 30kg。

复检的样品应混合均匀，并应用四分法，将每一检验批取样量缩减至试验所需量的 2.5 倍。

坐浆料及其取样的拌制及养护用水宜采用饮用水，每一检验批取得的试样应充分混合均匀，分为两等份。其中，一份应按本标准前述出厂检验规定的项目进行检验；另一份应密封保存至有效期，以备仲裁检验。

4.2.8　密封胶的进场检验

全预制装配式预制构件拼接后会产生数量众多的接缝，不可避免地会遇到接缝防水处理的难题。密封胶作为接缝的第一道防水措施，必须重视其如何科学选用，进场时的检验也显得尤为重要。

常用的建筑密封胶包括硅酮密封胶（SR）、硅烷改性聚醚密封胶（MS）、聚氨酯密封胶（PU）。PU 采用聚氨酯预聚体为主体，主链由 C—O 键（键长 0.136nm，键能 339kJ/mol）以及 N—C 键（键长 0.132nm，键能 284kJ/mol）所组成；MS 以硅烷封端改性聚醚为主体，主链由大量的 C—O 键、C—C 键（键长 0.154nm，键能 348kJ/mol）以及少量的 Si—O 键（键长 0.164nm，键能 444kJ/mol）所组成；SR 以线性聚硅氧烷为主体，主链是由 Si—O—Si 所组成。三种密封胶以其不同的优缺点均在装配式建筑的防水密封中有所应用，各项性能对比如表 4.2-9 所示。

常用装配式建筑外墙防水密封胶结构与优缺点对比　　表 4.2-9

类型	主体树脂	主链结构	优点	缺点
SR	线性聚硅氧烷	Si—O—Si	耐候性能优异	表面不能涂漆
PU	聚氨酯预聚体	C—O、N—C	可涂漆，耐撕裂，粘结性、弹性、耐磨性好	耐紫外性能差，固化易起泡
MS	硅烷封端聚醚聚合物	C—C、C—O、Si—O	低 VOC，无增塑剂迁移，固化不产生气泡，可涂漆、对基材无腐蚀、耐老化性能较高	耐候性略差于 SR

4.3　常见轨道交通预制构件的安装施工工艺

4.3.1　构件安装施工前的准备工作

施工准备工作是建筑业企业生产经营管理的重要组成部分，是建筑施工程序的重要阶段，做好施工准备工作，可有效降低施工风险，同时可提高企业综合经济效益，施工准备主要包括以下几个方面：

1）施工现场准备

（1）复查和了解现场

复查和了解现场的地形、地质、文化、气象、水源、电源、料源或料场、交通运输、通信联络以及城镇建设规划、农田水利设施、环境保护等有关情况。对于扩（改）建工程，应将拟保留的原有通信、供电、供水、供暖、供油、排水沟管等地下设施复查清楚，在施工中要采取保护措施，防止损坏。

（2）确定工地范围

施工单位应根据施工图纸和施工临时需要确定工地范围，以及在此范围内有多少土地，哪些是永久占地、哪些是临时占地，并与地方有关人员到现场核实（是荒地或是良田、果园等）、绘出地界、设立标志。

（3）清除现场障碍

施工现场范围内的障碍如建筑物、坟墓、暗穴、水井、各种管线、道路、灌溉渠道、民房等必须拆除或改建，以利于施工的全面展开。

（4）办妥有关手续

上述占地、移民和障碍物的拆迁等都必须事先与有关部门协商，办妥一切手续后方可进行。

（5）做好现场规划

施工单位按照施工总平面图搭设工棚、仓库、加工厂和预制存储区；安装供水管线、架设供电和通信线路；设置料场、车场、搅拌站；修筑临时道路和临时排水设施等。在有洪水威胁的地区，防洪设施应在汛期前完成。

（6）道路安全畅通

构件运输需要许多大型的车辆机械和设备，原有道路及桥涵能否承受此种重载，需要进行调查、验算。不合要求的应作加宽或加固处理，保证道路的安全、畅通。

2）人力、机具设备和材料准备

（1）施工人员准备

装配式地铁车站施工再施工准备期间，要考虑适当的人力资源配备，施工人员包括施工管理人员和现场施工人员，施工管理人员是施工现场的管理核心，必须具备丰富的施工经验和组织能力；施工前，应对施工管理人员进行培训和考核，确保其能够胜任工作。现场施工人员是施工现场的主要力量，必须具备相应的技能和素质。施工前，应对施工人员进行检查和培训，确保其能够按照规范要求进行操作。由于装配式施工注重标准化和规范化生产，相比传统施工方式需求的劳动力会减少，但对钣金操作技能等特定岗位需要具备较高要求，现场施工人员应具备相应技能，并经过专门培训以正确操作所使用的设备。项目开始前，应根据项目规模和进度计划确定所需人员数量。

因此，开工前落实现场装配施工人员来源，按计划适时组织进（退）场，是顺利开展施工、按期完成任务、避免停工或窝工浪费的重要条件之一。组织人力资源队伍时，做好以下工作：

①要注重素质。进城务工人员素质直接影响工程质量，进城务工人员队伍素质审查要严把"四关"，即政治素质、道德纪律、身体条件和技术水平四个方面。政治素质：主要看参加施工的动机，要有为社会主义建设作贡献、尽义务的意识，一切朝钱看的施工队伍是难以圆满完成任务的；道德纪律：主要看进城务工人员队伍的精神面貌、组织纪律性，要求是一支能吃苦耐劳、有组织、守纪律、过得硬、有领导的队伍；身体条件：地铁工程施工劳动强度很大，作业时间长，有时要发扬连续作战的精神，没有健康的体格是难以完成任务的，故要选身强力壮以中青年为主的队伍；技术水平：应选择参加过装配式建筑工程施工的队伍，他们中有相对稳定的技术工人，具有一定的独立施工能力。

②要注重教育。教育是先导，只有适时耐心的教育，才能使民工队伍的素质不断提高。教育内容要有针对性，包括：改革开放政策与形势教育、法制教育、作风纪律教育、文化技术教育等。特别是在开工前，对进场民工要进行集中教育。要把工程建设的意义、任务情况、质量要求、效益情况交待给大家，使大家心中有数。从而感到工程施工责任重大、任务光荣、效益不错，因此安下心来，积极、热情地投入施工。

③签订好施工合同。在市场经济条件下，进城务工人员参加工程建设，希望获得好的经济效益是无可非议的。要使进城务工人员安心施工，把精力集中到工程质量上来，必须按经济规律办事，改过去的任务分配制为合同制。合同内容应包含人员数量、工程数量、取费标准、质量标准、奖罚标准、施工进度、安全施工等方面。

（2）机具设备

合理配置机械设备是保证装配式车站顺利施工的关键，对于机械设备的编制计划也是必不可少的。项目要根据施工规模和任务需求选择适当的设备型号和数量，还应注意设备之间的配套性和使用效率，确定每个阶段所需机械设备种类及数量，避免配置过多或不足的情况发生；同时，要充分考虑设备的性能和技术参数，确保设备能够满足工作要求，并且具备安全、可靠的特点，通过深入了解供应商的信誉和售后服务情况，选择可靠的供应商可以避免设备故障对工期造成的不利影响。施工过程中要严格执行设备维护保养计划，定期检查、保养并及时修复设备故障，确保设备始终处于良好状态。

装配式施工过程中，可能因为一些突发情况或者外部因素导致原定的人力与机械配备计划需要进行调整和优化。此时，施工管理人员应积极主动地对配备计划进行调整，并及时与相关部门沟通。

一是要重视信息共享和协同配合，确保不同团队之间的有效沟通，及时了解到可能会影响配备计划的变动情况。只有确保信息的畅通，才能够做出准确的决策。

二是要灵活应变，在人力方面可以根据工作进展情况进行相应的调整。如果出现某一岗位缺乏人手或者某项任务需要加快进度，可以考虑调派其他岗位的工人进行支援。

三是在机械方面，也需要随时优化设备使用方案。比如，在某些节假日或者大气预警期间，可以提前安排设备维修和维护工作，以确保施工的连续性和稳定性。

在开始进行装配式车站施工之前，需要根据施工需求配置机械设备，主要包括以下几项：

①起重设备

起重设备是每个装配式建筑项目都必不可少的基本设备之一。根据具体项目的需求，可以选择塔式起重机、移动起重机或其他类型的起重机，完成各类重物吊装作业。

②搅拌设备

在装配式建筑过程中，混凝土是一个必然需要使用的材料。因此，合适的搅拌设备也是必要的。常见的选择包括混凝土搅拌车和混凝土搅拌站等。

③钢筋加工设备

装配式施工中，还需要对一些构件进行钢筋加工，例如对柱子、梁和楼板等构件的钢筋进行折弯、剪切和焊接等处理。常见的钢筋加工设备有钢筋弯曲机、自动剪切机和钢筋焊接机等。

④施工架

施工架是为了提供一个稳定且安全的作业平台而使用的支承结构，主要用于协助施工人员进行安装和维修。常见的施工架有门式脚手架、内外架和螺旋升降平台等。这些设备具有承载能力强、搭建快速、拆装方便等特点。

⑤现场环境保护设备

为了保证施工质量，需要对现场环境进行处理。喷涂机、除尘器等设备可以改善施工环境，也需要进行配置，用以降低对周围生态环境的影响。

不同预制构件的施工机具可参考表 4.3-1。

不同预制构件的施工机具　　　　　　　　　　表 4.3-1

构件名称	机具类型	机具名称	备注
叠合板	吊装机具	钢丝绳、卡环、螺栓、平衡钢梁、自动扳手、起重设备等	1. 平衡钢梁：在叠合板起吊、安装过程中平衡叠合板受力，平衡钢梁可采用槽钢及钢板加工制作。 2. 卡环：连接叠合板施工机具和钢丝绳，便于悬挂钢丝绳
叠合板	辅助机具	对讲机、线坠、经纬仪、激光扫平仪、索具撬棍、可调钢支撑、工字钢、交流电焊机等	
叠合梁	吊装机具	钢丝绳、卡环、螺栓、平衡钢梁、自动扳手、起重设备、千斤顶等	
叠合梁	安装机具	经纬仪、水准仪、激光扫平仪、线坠、绳索、钢管、扣件式架等	
预制柱	吊装机具	钢丝绳、卡环、螺栓、平衡钢梁、自动扳手、起重设备、千斤顶等	1. 平衡钢梁：在预制柱起吊、安装过程中平衡预制柱受力，平衡钢梁可采用槽钢及钢板加工制作。 2. 手持式电动搅拌机：用于搅拌预制柱纵向受力钢筋使用的灌浆料，保持灌浆料的流动度。 3. 钢筋限位框：在预制柱安装前，钢筋限位框用于固定预留钢筋，使其在允许偏差范围内。 4. 梁柱定型模板：梁柱定型钢板用于封堵梁柱结合处，以防止梁柱结合处漏浆。 5. 可调斜支撑：通过调节斜支撑活动杆件调整预制柱的垂直度
预制柱	辅助机具	对讲机、线坠、经纬仪、激光扫平仪、可调斜支撑、铁制垫片、钢筋限位框、梁柱定型钢板等	

（3）材料

装配式地铁车站施工前应准备的主要材料包括钢筋、混凝土和防水材料，钢筋是地铁施工中常用的重要材料之一，用于加固混凝土内部结构，增强其承重能力。目前常用的钢筋材料有普通钢筋和带肋钢筋等。这些钢筋具有强度高、耐腐蚀、韧性好等特点，被广泛应用于地铁隧道和站台等建筑物中。混凝土用于预制构件的连接部位的搭建。混凝土的特点是强度高、施工成本低、可塑性强，因此在地铁建设中广泛应用。地铁建设中常用的防水材料有聚氨酯涂料、树脂胶粘剂、水泥基防水涂料和防水卷材等。这些材料能有效地抵御水的渗透和侵害，使地铁隧道保持干燥、安全。

材料费占到工程总费用的 2/3 左右，因此，其费用高低直接关系到工程造价。同时，材料的品质、数量及能否及时供应，也是决定工程质量和工期的重要环节。

材料准备工作的要点是：品质合格、数量充足、价格低廉、运输方便、不误使用。在保证材料品质的前提下，本着就地取材的原则，广泛调查料源、价格、运输道路、工具和费用等，做好技术经济比较，择优选用；同时，根据使用计划组织进场，力争节省投资。

3）技术准备

（1）熟悉图纸资料和有关文件施工单位接受工程任务后，应全面熟悉施工图纸、资料和有关文件，参加业主工程主管部门或建设单位组织的设计交底和图纸会审，并做好记录。

①设计图纸是施工的依据，施工单位和全体施工人员必须按图施工。未经业主和监理工程师同意，施工单位和施工人员无权修改设计图纸，更不能没有设计图纸就擅自施工。

②施工单位应组织有关人员对施工图纸和资料进行学习和自审，做到心中有数，如有疑问或发现差错应在设计交底和图纸会审中提出，请上级给予解答。

③设计交底和图纸会审中，着重要解决以下几个问题：

a. 设计依据与施工现场的实际情况是否一致。

b. 设计中所提出的工程材料、施工工艺的特殊要求，施工单位能否实现和解决。

c. 设计能否满足工程质量及安全要求，是否符合国家和有关规范、标准。

d. 施工图纸中土建及其他专业（水、电、通信等）的相互之间有无矛盾，图纸及说明是否齐全。

e. 图纸上的尺寸、高程、轴线、预留孔（洞）、预埋件和工程量的计算有无差错、遗漏和矛盾。

（2）施工组织设计根据设计文件、现场条件，各单位工程的施工程序及相互关系，工期要求以及有关定额等，编制施工组织设计。

施工总平面图是施工组织设计中的重要组成部分，实践证明：其布局合理与否，不仅直接关系到是否便于施工，而且对工程造价、工期、质量，乃至与当地关系等方面都会产生很大的影响，因此，必须做好该项工作。施工总平面的布局应符合下列要求：

①应与现场的地物地貌相结合，做到布局合理、工程量少、便于施工及使用。

②各项临时工程设施应尽可能与永久工程相结合，尽量不占或少占耕地，不应早占或占而不用，以便减少投资和节约用地。

③临时排水、防洪设施，不得损害邻近的永久性建（构）筑物的地基与基础、挖（填）

方区边坡以及当地的农田、水利设施等。

（3）技术交底：

施工单位应根据设计文件和施工组织设计，逐级做好技术交底工作。技术交底是施工单位把设计要求、施工技术要求和质量标准贯彻到基层以至现场工作人员的有效方法，是技术管理工作中的一个重要环节。它通常包括施工图纸交底、施工技术措施交底和安全技术交底等。这项交底工作分别由高一级技术负责人、单位工程负责人、施工队长、作业班组长逐级组织进行。施工组织设计一般先由施工单位总工程师负责向有关大队（或工区领导）、技术干部及职能部门有关人员交底，最后由单位工程负责人向参加施工的班组长和作业人员交底，并认真讨论贯彻落实。

（4）技术保障：

对于施工难度大、技术要求高以及首次采用新技术、新工艺、新材料的工程，施工单位应根据工程特点，结合本单位的技术状况，制定相应的技术保障措施，做好技术培训工作。必要时应先行试点，取得经验并经监理单位批准后推广。

4）安全措施准备

（1）安全设施准备

装配式建筑施工现场，必须设置完善的安全设施，如安全网、安全带、安全帽等。同时，应定期对安全设施进行检查和维护，确保其安全、可靠。

（2）安全培训和教育

施工前，应对施工人员进行安全培训和教育，提高其安全意识。同时，应定期进行安全检查和演练，提高应对突发事件的能力。

5）质量保证措施准备

（1）质量管理体系建立

装配式建筑施工前，应建立完善的质量管理体系，明确各级管理人员的职责和工作流程。同时，应制定相应的质量标准和验收规范，确保施工质量符合要求。

（2）质量检测和控制措施制定

施工过程中，应对各项质量指标进行检测和控制。对于关键工序和重要节点，应进行重点监控和检查。同时，应建立质量信息反馈机制，及时发现和解决问题。

6）环境保护措施准备

（1）施工现场环境管理计划制定

装配式建筑施工前，应制定详细的施工现场环境管理计划，明确各项环保措施和责任人。同时，应建立环保检查制度，定期对施工现场环境进行检查和评估。

（2）噪声、扬尘、废水等污染控制措施制定

施工过程中，应采取有效的噪声、扬尘、废水等污染控制措施。例如，使用低噪声设备、设置扬尘遮挡设施、建立废水处理系统等。同时，应对各项污染指标进行监测和控制。

4.3.2　预制叠合墙板安装施工工艺

1. 双层预制叠合墙施工工艺

采用预制叠合侧墙的施工体系施工流程详见图 4.3-1。

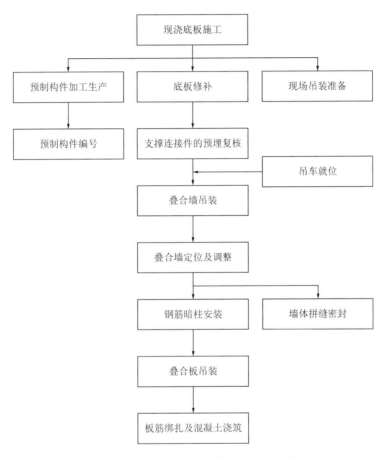

图 4.3-1　预制叠合侧墙体系施工流程图

1）构件加工

（1）图纸深化

构件加工前，需要对构件图纸根据现场情况进行深化，将原有设计图纸深化为施工图。施工图纸中需要标明吊点位置尺寸、斜撑位置尺寸、施工配套接驳器等。

（2）材料要求

预制构件内、外板采用不低于 C40 的预拌混凝土，HPB300 及 HRB400 钢筋。

（3）预制构件模板体系

预制构件模板采用定型钢模板并配合振动台，不同尺寸构件模板模具组模方法按照构件图尺寸制作。组模后，对模具进行验收。浇筑混凝土时，应对模具进行看模监护。

模具的安装固定要求平直、紧密、不倾斜，并且尺寸符合构件的精度要求。

模板底面应根据要求进行弹线定位固定，并确认扭曲、翘曲、接缝均在允许范围内。模板表面均匀涂刷脱模剂。钢模板尺寸精度要求表见表 4.3-2。

钢模板尺寸精度要求表 表 4.3-2

测定部位	允许偏差（mm）	检验方法
边长	±2	钢尺四边测量
板厚	0～+1	钢尺测量
扭曲	2	四角用 2 根细线交叉固定，钢尺测中心点高度
翘曲	3	四角固定细线，钢尺测细线到模板边距离，取最大值
表面凹凸	2	靠尺和塞尺检查
弯曲	2	四角用两根细线交叉固定，钢尺测细线到模板边距离
对角线误差	2	细线测两根对角线尺寸，取差值
预埋件	±2	钢尺检查

板块加工期间，派专人对构件加工过程尺寸、预埋件进行复核，构件养护完成后对预制构件进行验收，确保板材的出厂质量。

（4）混凝土浇筑

混凝土的铺设放料，高度要在 50cm 以下。构件混凝土的铺设要尽量控制投料量的精确性，投料量以预算方量严格控制。

浇筑前应对模具、支架、已安装的钢筋和埋件做检查。

混凝土用 $\phi50$ 振捣棒振捣，注意振捣过程中应避免碰到模具和固定埋件，外框部位用小型试块振动器（或 20mm 钢筋）快插慢拔振捣。

双层叠合侧墙加工采用特制振动台。双层叠合墙一侧浇筑好，达到吊运强度后翻转，放置在浇筑好混凝土的振动台上。位置放置准确以后开启振动台，利用振动台使混凝土振捣密实，达到养护强度后方可吊运。

混凝土表面要求用抹刀进行抹平，预埋件周围不能被混凝土覆盖，埋件内设置泡沫棒保护螺牙丝口。

（5）混凝土养护

构件采用低温蒸汽养护。蒸养在原生产模位上进行，采用表面遮盖油布做蒸养罩，内通蒸汽。

蒸养按照静停—升温—恒温—降温四个阶段进行。静停 2h；升温 2～3h（升温速度控制在 15℃/h）；恒温 7h（恒温时段温度保持在 55±2℃）；降温 3h（降温速度控制在 10℃/h）。

2）构件运输及堆放

构件在现场预制，所以构件的运输不使用运输车辆，预制好以后放在指定堆放场，指定堆放点设置专用支架，用于支撑板材。构件堆放时，需要以内板为支撑点，构件放置于支架上时应对称靠放，内板朝外，倾斜度保持在 75°～80°，防止倾覆，并保证构件二次吊装不被破坏。

3）吊装准备

（1）预制构件的验收

预制构件使用时，需要对每块构件进场验收，主要针对构件外观和规格尺寸，详见表 4.3-3。

构件外观要求：外观质量上不能有严重的缺陷，且不应有露筋和影响结构使用性能的蜂窝、麻面和裂缝等现象。

规格尺寸要求和检验方法　　　　　　　　　表 4.3-3

项次	项目			允许偏差（mm）	检验方法
1	规格尺寸		高度	±5	用尺量两侧边
			宽度	±5	用尺量内横端边
			厚度	±5	用尺量两端部
			对角线差	10	用尺量测两对角线
		窗洞口	规格尺寸	±5	用尺量
			对角线差	5	
			洞口尺寸	10	
			洞口垂直度	5	
2	外形		侧向弯曲	1/1000	拉线和用尺检查侧向弯曲最大处
			扭曲	1/1000	用尺和目测检查
			表面平整	5	用 2m 直尺和楔形塞尺检查
3	预留部件	预埋件	中心线位置	10	用尺量纵、横两个方向的中心线
			与混凝土表面平整	5	用尺量
		安装门窗预埋洞	中心线位置	15	用尺量纵、横两个方向的中心线
			深度	+10、-0	用尺量
4	主筋保护层厚度			+10、-5	用测定仪或其他量具检查
5	翘曲			1/1000	调平尺在两端测量

（2）构件编号及施工控制线

每块预制构件验收通过后，统一按照板下口往上 1500mm 弹出水平控制墨线；按照左侧板边往右 500mm 弹出竖向控制墨线，并在构件中部显著位置标注编号。

（3）构件吊装

①起吊工具形式

构件现场吊装机械采用汽车起重机，并确保全覆盖。起重机走行及站位沿车站基坑纵向贯通。吊点采用预制板内预埋吊钩（环）的形式，吊钩根据构件的质量大小设计。见图 4.3-2。

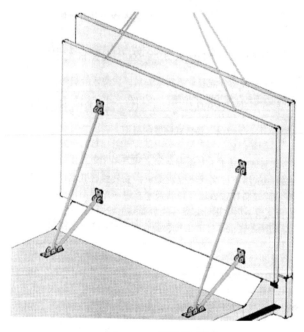

图 4.3-2　吊装示意图

②吊装顺序

构件吊装采用左右依次对称吊装的形式，然后吊装顶板，逐块吊装。

③吊装安全技术措施

构件吊装前，设置控制线，并根据预制板面上的吊耳水平高度，确保吊装过程中构件在同一水平面上。

构件起吊时，先行试吊，试吊高度不得大于 1m。试吊过程中，检测吊钩与构件、吊钩与钢丝绳、钢丝绳与铁扁担之间的连接是否可靠。确认各项连接满足要求后，方可正式起吊。

构件吊装至底板时，操作人员应站在管廊内侧，确保安全。

④吊运注意事项

吊运构件时，下方严禁站人，必须待吊物降落离地 1m 以内，方准靠近；就位固定后，方可摘钩。

构件吊装应逐块安装，起吊钢丝绳长短一致，两端严禁一高一低。

遇到雨、雪、雾天气或风力大于 6 级时，严禁吊装作业。

4）构件调节及就位

构件安装初步就位后，对构件进行微调，确保预制构件调整后标高一致、进出一致、板缝间隙一致，并确保垂直度。根据相关工程经验并结合工程实际，每块预制构件采用 2

根可调节水平拉杆、2 根可调节斜拉杆。

（1）构件左右位置调节

待预制构件高度放置合适后，进行板块水平位置微调。微调采用液压千斤顶，以每块预制构件板底　80×50×5 角钢为顶升支点进行左右调节。

构件水平位置复核：通过钢尺测量构件边与水平控制线间底距离来进行复核。每块板块吊装完成后须复核。

（2）构件定位调节

构件定位调节采用可调节水平拉杆，每一块预制构件左右各设置 1 道可调节水平拉杆，如图 4.3-3 所示。拉杆后端均牢靠固定在底板上。拉杆顶部设有可调螺纹装置，通过旋转杆件可以对预制构件平面定位进行调节。

构件进出量通过钢卷尺来进行复核。每块板块吊装完成后需要复核。

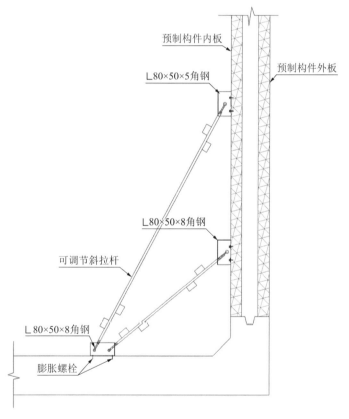

图 4.3-3　构件定位调节图

（3）构件垂直度调节

构件垂直度调节采用可调节斜拉杆，每一块预制构件左右各设置 1 道可调节斜拉杆，如图 4.3-4 所示。拉杆后端均牢靠地固定在底板上。拉杆顶部设有可调螺纹装置，通过旋转杆件，可以对预制构件顶部形成推拉作用，起到调节板块垂直度的作用。

构件垂直度通过垂准仪来进行复核。每块板块吊装完成后须复核。

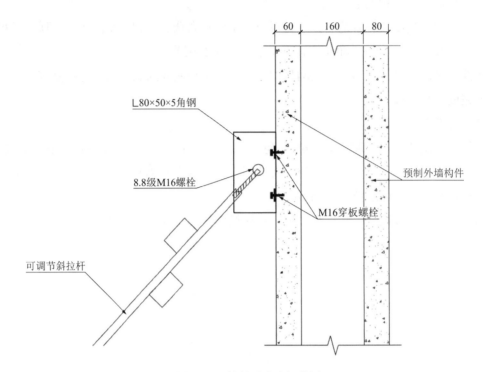

图 4.3-4　构件垂直度调节图

（4）构件吊装验收标准

吊装调节完毕后，需要进行验收。见表 4.3-4。

验收项目标准表　　　　　　　　　　　　表 4.3-4

项目	允许偏差（mm）	检验方法
轴线位置	5	钢尺检查
底模上表面标高	±5	精密水准仪
每块外墙板垂直度	5	2m 靠尺检查
相邻两板高低差	2	2m 靠尺和塞尺检查
外墙板外表面平整度	3	2m 靠尺和塞尺检查
外墙板单边尺寸偏差	±3	钢尺量一端及中部，取其中较大值
水平拉杆位置偏差	±20	钢尺检查
斜拉杆位置偏差	±20	钢尺检查

（5）现浇中（顶）板及墙中混凝土施工

预制外墙构件调节完毕后，方可进行结构顶板及墙中混凝土的施工。

本工程中内外墙预制板，同时作为内外墙现浇结构的内外模板，且内板厚度仅为

60mm。为了减小在混凝土浇捣过程中对于墙板可能产生的变形，浇捣过程中须确保混凝土浇捣速度并派专人监测，发现问题则及时调整混凝土的浇捣流程。

5）成品保护

预制构件在卸车及吊装过程中注意对成品的保护，重点对预制构件上下部位的保护。

（1）构件现场堆放时，应置于专用堆放架，并在堆放架上设置橡胶垫保护。吊运过程中，应避免碰撞。

（2）现场吊装中，严禁吊钩撞击构件，控制吊钩下落的高度和速度。

2. 叠合板施工工艺

1）材料要求

（1）预制叠合板的外观质量、尺寸偏差、预埋件、混凝土强度等，应符合设计要求和现行国家标准的有关规定。

（2）预制叠合板进场应有相应的构件标识、质量证明文件等，并按现行国家有关标准的规定进行进场验收。未经检验或不合格的产品，不得使用。

（3）预制叠合板外露钢筋的长度、位置应符合设计要求。

（4）预制叠合板桁架筋高度应符合设计要求。

2）主要机具

（1）吊装机械机具应包括塔式起重机、汽车起重机、吊装索具、撬棍等。

（2）测量仪器应包括水准仪、经纬仪、激光扫平仪、激光竖向投测仪等。

（3）固定安装工具应包括可调独立支撑、反光镜、手持电动扳手等。

3）作业条件

（1）预制叠合板安装前，应按吊装流程核对构件编号与平面位置，明确吊装顺序并符合设计图纸要求。

（2）每班次吊装前，吊装组长应检查吊装索具的完好性和安全性。

（3）建立可靠的通信指挥网络，保证吊装期间通信联络畅通，安装作业应连续进行。

（4）参与作业的班组人员，每班进行班前安全技术交底，操作人员应熟悉现场环境，提高安全意识。

（5）开始作业前，用醒目标识和警戒线将作业区隔离，无关人员不得进入作业区内。

（6）墙、柱与叠合板节点部位，应清理干净。检查调整钢筋位置，确保预制叠合板按设计要求就位，钢筋无碰撞。

（7）叠合板支撑，应按专项施工方案要求搭投。

（8）首段、首件验收合格后，方可进行后续的预制墙板安装。

4）施工工艺

如图 4.3-5 所示，预制叠合板安装宜按如下规定的流程进行：

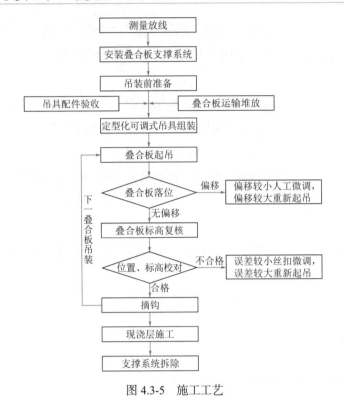

图 4.3-5　施工工艺

（1）测量放线时，依据底层标高控制线弹设 1m 标高控制线，在墙或柱上弹出叠合板底标高线。

（2）安装叠合板支撑系统应符合下列规定：

①预制叠合板安装时，应采取临时支撑和固定措施；临时支撑应具有足够的强度、刚度和稳定性；叠合板支撑体系可采用可调钢支撑搭设（图 4.3-6），并在可调钢支撑上铺设工字钢，根据叠合板的标高线，调节钢支撑顶端高度，以满足叠合板施工要求。

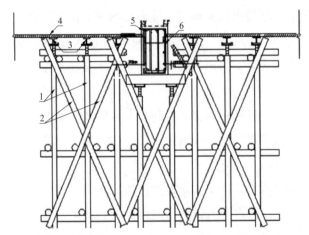

1—可调钢支撑；2—剪刀撑；3—工字钢；4—叠合板；5—叠合板；6—预制反檐

图 4.3-6　可调钢支撑示意图

②当采用专用定型产品时，专用定型产品和施工操作，应符合产品标准、应急技术手册和专项施工方案的规定。

（3）预制叠合板吊装应符合下列规定：

①吊点位于桁架钢筋上，且不应少于 4 个吊点；跨度大于 6m 的叠合楼板，应采用 6 点起吊；吊点应左右、前后对称布置，且有专用吊具平均分担受力，多点均衡起吊；

②根据预制叠合板尺寸、吊点位置，选择合适的模数化，吊装叠合板；吊装时，每个吊点应受力均匀；吊具和构件重心应在垂直方向上重合，吊索与吊装梁的水平夹角不应小于 60°；

③将钢丝绳卡扣与预制叠合板上的预制吊环连接紧固，预制叠合板上固定好牵引绳，确认连接牢固后，方可缓慢起吊；

④起重机械将预制叠合板吊起时应缓慢，略作停顿，再次检查吊挂，若有问题，应立即处理；确认无误后继续提升，使其缓慢靠近安装作业面；

⑤待预制叠合板吊装至作业面上 300～500mm 处，略作停顿，根据预制叠合板安装平面位置控制线，调整预制叠合板方向、位置，缓慢落吊；

⑥预制叠合板应从上垂直向下安装就位，施工人员在保证安全操作的前提下，手扶预制叠合板，调整方向，将叠合板的边线与墙柱上的安放位置线对准，预制叠合板两端钢筋与连接节点处的钢筋不得冲突碰撞，放下时应停稳慢放；不得快速猛放，以免造成预制叠合板振折和损坏。

（4）预制叠合板平面、标高微调和校正应符合下列规定：

①预制叠合板，应按照平面安放位置线对准安放后，利用撬棍进行微调平面位置，使其精确就位；

②根据标高控制线校核预制叠合板标高位置，利用支撑可调节功能进行校正，叠合板底标高应符合设计要求；

③检查预制叠合板、安装位置、标高和搁置长度，合格后方可摘除吊钩，进行下个构件吊装。

（5）预制叠合板支撑系统拆除应符合下列规定：

①叠合层混凝土强度达到设计要求后，方可拆除底模和支撑；

②拆除模板时，不应对楼层形成冲击荷载；拆除的模板和支架，宜分散堆放并及时清运；

③多个楼层间连续支模的底层支架拆除时间，应根据连续支模的楼层间荷载分配和混凝土强度的增长情况确定。

5）质量标准

（1）主控项目应符合下列规定：

①预制叠合板安装与连接质量应符合国家现行标准《混凝土结构工程施工质量验收

规范》GB 50204 和《装配式混凝土结构工程施工质量与验收规程》DB11/T 1030 的有关规定；

②预制叠合板安装后，外观质量不应有严重缺陷，且不应有影响结构性能、安装、施工功能的尺寸偏差。

（2）一般项目应符合下列规定：

①装配式结构安装后，其外观质量不应有一般缺陷；

②预制叠合板安装与连接的位置、尺寸偏差和检验方法，应符合设计要求；当设计无要求时，应符合表 4.3-5 的规定。

预制叠合板安装尺寸的允许偏差及检验方法　　　　　表 4.3-5

项目		允许偏差（mm）	检验方法
构件中心线对轴线位置		5	经纬仪及尺量
叠合板底面标高		±5	水准仪或拉线、尺量
构件倾斜度		5	经纬仪或吊线、尺量
叠合板底面相邻构件平整度	外露	3	2m 靠尺和塞尺量测
	不外露	5	
构件搁置长度		±10	尺量
支座、支垫中心位置		10	尺量

6）成品保护

（1）预制叠合板在装、卸、安装中，不得用钢丝绳捆绑直接起吊，运输和堆放应有足够的支点，以防变形开裂。

（2）预制叠合板采取叠放的方式，每层构件堆放采用垫木隔开，并保证上下层垫木在同一垂线上，最下层垫木通长设置，预制叠合板堆放层数不应大于 6 层。

7）注意事项

（1）吊装前根据吊装顺序检查构件装车顺序是否对应，叠合板吊装标识是否正确。

（2）叠合板底板与墙体交界处板缝采用高强度砂浆封堵。

4.3.3　预制楼梯安装施工工艺

混凝土预制楼梯作为装配式地铁结构中的一部分，是地铁车站中的主要逃生通道。预制楼梯在工厂制作时，先在楼梯下端预留长圆孔，上端预留出钢筋。现场安装时，上端预留的钢筋与楼梯休息平台板一起浇筑，下端梯梁预留的插筋插入楼梯下端长圆孔内，实现了预制楼梯与主体结构的滑动连接。预制楼梯不参与整体结构受力，确保了逃生通道的顺畅。

1. 施工准备

浇筑混凝土时，应采取措施对预埋件进行保护。在吊装预制楼梯前，测量相应楼梯构件端部及侧部控制线并在预定安装位置弹出，检查安装控制线及台梁标高，节省吊装校准时间，保证安装质量。梯子板的一侧预留给剪力墙 30mm 的间隙，以保证后续的建筑抹灰空间。在梯子两端的梯梁吊耳上铺设 1∶1 水泥砂浆找平层（强度等级 > M15），并准确控制找平层的标高。

2. 预制楼梯的吊装和校正

预制楼梯吊装前应制定详细的吊装方案，选择相应的吊架并仔细检查，确保其正常工作性能，否则应立即更换。确定构件堆垛场到预定安装区域的起重机旋转半径，并且在起重机周围设置了安全防护线。

针对楼梯结构的吊运，一般采用四爪吊链，根据施工蓝图确定预制楼梯的使用部位，用塔式起重机吊运预制构件，吊运必须有起吊的试吊过程。预制楼梯离地高度 200mm 后，进行吊装检查，待平稳后进行起吊。起吊过程应匀速、缓慢上升，不得急升、急停；吊装至安装位置后，须专职工种地进行人工对中，安装过程管理人员全程进行旁站监督，技术负责人进行现场指挥操作。依据楼梯上已有的控制线为安装参照，调整楼梯位置，校正楼梯位置，精确定位，主要分为以下三个步骤：

1）预制楼梯与现浇结构接缝位置须放置水平尺，对上层结构的楼梯进行复查、校正，完全保证上下两层楼梯立面的垂直度。

2）利用铅垂线对预制楼梯两侧进行定位测量，保证作业层安装楼梯与下层已安装楼梯两侧位于铅垂线上，铅垂线不得弯曲变形或摆动。

3）预制楼梯安装完成校正后，还应与相同立面的现浇结构的垂直度进行复查、调整，上下层楼梯的竖向垂直缝和水平接缝应完全齐平。如少数楼梯无法达到上述要求，可通过底部增设钢片填充等措施进行适当微调。

3. 嵌缝、灌浆养护

1）已安装的预制楼梯经过校正后，应组织建设单位、监理单位、施工单位技术负责人及项目管理人员进行验收，针对楼梯梯板的预留洞口、水平接缝等特殊部位进行专项验收。

2）经验收合格后，梯板的上部结构采用砂浆对预留的孔洞进行封堵填实，封堵面应饱满、平整和光滑，不得出现空洞或其余杂质；梯板的下部结构则在预埋螺栓的螺母垫块上部封堵填实，垫块下部的预留空间适用于梯板的自由滑动变形。其中，预制楼梯的两端与平台梁之间的缝隙采用聚苯板进行封堵填实。

3）预制楼梯安装完成后，应采用软防护对楼梯梯步进行防护，避免施工中损坏踏步阳角。

4. 应注意的质量问题

1）楼梯段支承不良：主要原因是支座处接触不实或搭接长度不够。安装休息板时要校对标高；安装楼梯段时除校对标高外，还应校对楼梯段斜向长度。

2）楼梯段不平：主要原因是操作不当，安装时没有坐浆，不平浮搁，安装找正后未及时灌缝。安装时应严格按设计要求铺水泥浆，安装后及时灌缝。

3）焊接不符合要求：构件连接仅采用短钢筋两端点焊，影响结构整体性能。应按设计要求，用连接钢件将四周围焊牢固。

4）休息板面与踏步板面接槎高低不符合要求：主要原因是抄平放线不准，安装标高不符合设计要求。安装休息板应注意标高及水平位置线的准确性。楼梯段左右反向；安装时，应注意扶手栏杆预埋件的位置。

4.3.4　预制梁安装施工工艺

见图 4.3-7。

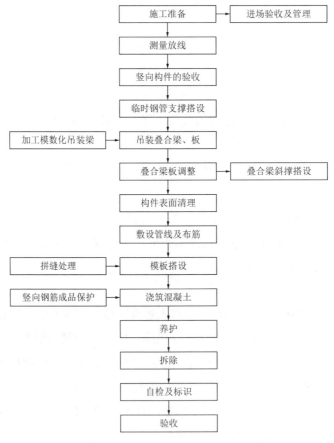

图 4.3-7　预制梁安装施工工艺流程图

预制梁安装施工步骤及要求如下。

1. 施工流程

预制梁进场验收→按图放线→设置梁底支撑→预制梁起吊→预制梁就位微调→接头连接。

2. 预制梁安装应符合下列要求

1）梁吊装顺序应遵循先主梁后次梁、先低处后高处的原则。

2）预制梁安装就位后应对水平度、安装位置和标高进行检查。

3）梁安装时，主梁和次梁伸入支座的长度应符合设计要求。

4）预制次梁与预制主梁之间的凹槽应在预制楼板安装完成后，采用不低于预制梁混凝土强度等级的材料填实。

5）梁吊装前柱核心区内先安装一道柱箍筋，梁就位后再安装两道柱箍筋，之后才可进行梁、墙吊装，以保证柱核心区质量。

6）梁吊装前应将所有梁底部标高进行统计，有交叉部分梁吊装方案，应根据先低后高的原则进行施工。

3. 主要安装工艺

1）定位放线：用水平仪测量并修正柱顶与梁底标高，确保标高一致，然后在柱上弹出梁边控制线。

2）支撑架搭设：梁底支撑采用"钢立杆支撑 + 可调顶托"，可调顶托上铺设长 × 宽为 100mm × 100mm 木方，预制梁的标高通过支撑体系的顶丝来调节。

临时支撑位置应符合设计要求；设计无要求时，长度小于等于 4m 时应设置不少于 2 道垂直支撑，长度大于 4m 时应设置不少于 3 道垂直支撑。叠合梁应根据构件类型、跨度来确定后浇混凝土支撑件的拆除时间，强度达到设计要求后方可承受全部设计荷载。

3）预制梁吊装：预制梁一般用两点吊，预制梁两个吊点分别位于梁顶两侧距离梁两端 0.2L 位置（L 为梁长），由生产构件厂家预留。

4）预制梁微调定位：当预制梁初步就位后，两侧借助柱上的梁定位线将梁精确校正。梁的标高通过支撑体系的顶丝来调节，调平的同时需要将下部可调支撑上紧，这时方可松去吊钩。

5）接头连接：混凝土浇筑前应将预制梁两端键槽内的杂物清理干净，并提前 24h 浇水湿润。

4.3.5　预制柱安装施工工艺

1. 安装施工流程

预制柱进场验收→标高找平→竖向预留钢筋校正→预制柱吊装→柱安装及校正→灌浆施工→柱节点插筋定位→柱节点插筋二次定位。

2. 预制柱安装应符合的要求

1）安装前应校核轴线、标高以及连接钢筋的数量、规格、位置。

2）预制柱安装就位后，在两个方向应采用可调的斜撑作临时固定，并进行垂直度调整以及在柱子四角缝隙处加塞垫片。

3）预制柱的临时支撑，应在套筒连接器内的灌浆料强度达到设计要求后拆除。当设计无具体要求时，混凝土或灌浆料应达到设计强度的75%以上方可拆除。

3. 主要安装工艺

1）标高找平

预制柱安装施工前，通过激光扫平仪和钢尺检查楼板面平整度，用铁制垫片使楼层平整度控制在允许偏差范围内。

2）竖向预留钢筋校正

根据所弹出柱线，采用钢筋限位框，对预留插筋进行位置复核，确保预制柱连接的质量。

3）预制柱吊装

预制柱吊装机械应充分利用施工现场已有的机械，预制柱装卸前必须检查施工环境，确保吊索完好，捆绑牢固，柱与其他物件不得接触、连接。在吊装时应严格按起吊点起吊，吊点为柱内预埋的吊钩（环），应根据柱的重量选取相应的吊钩尺寸，吊装顺序应安排合理，首先吊装施工困难的预制柱，再吊装施工容易的预制柱。

起吊柱采用专用吊运钢板和吊具，用卸扣、螺旋吊点将吊具、钢丝绳、相应重量的手拉葫芦、柱上端的预埋吊点连接紧固。起吊时吊索应等长，严禁偏心起吊。吊装过程中，禁止柱出现大幅度晃动；同时，应控制好尾端溜绳，防止因晃动造成柱边缘磕碰破损。见图 4.3-8、图 4.3-9。

图 4.3-8　预制柱起吊　　　　　　　　　图 4.3-9　预制柱吊运

预制柱吊装采用慢起、快升和缓放的操作方式。吊装机械缓缓持力，预制柱起立前在预制柱起立的地面下垫两层橡胶地垫，用来防止构件起立时造成破损。预制柱吊装时先将柱吊离地面 500mm 左右，对中后再缓慢升钩，将预制柱吊离存放架，然后快速运至预制柱安装施工层。预制柱就位前，应清理柱安装部位基层，然后将预制柱缓缓吊运至安装部位的正上方。移动到安装位置上方约 500mm 处之后，拉溜绳旋转柱到正确方位。

利用高精度的镜子观察预留插筋与柱内套筒位置，调整柱至预留插筋与预留套筒逐根对应，全部准确插入套筒后，柱缓慢下降，由安装人员根据辅助定位线轻推柱初步定位。

4）预制柱的安装及校正

在完成柱的初步定位后，要进一步进行校准定位。首先在轴线上架设经纬仪，并控制经纬仪与预制柱的距离，同时宜架设两台经纬仪来校准预制柱边缘与定位控制线位置，并通过在柱下方放置钢垫片来调整柱的垂直度。

保证经纬仪视线面与观测面相互垂直，以防止因测点偏差而产生测量偏差，尽量避免因遮挡而影响观测。

塔式起重机机将预制柱下落至设计安装位置，下一层预制柱的竖向预留钢筋与预制柱底部的套筒全部连接，吊装就位后，立即加设不少于 2 根的斜支撑对预制柱临时固定，如图 4.3-10 所示。斜支撑与楼面的水平夹角不应小于 60°。

图 4.3-10　预制柱校准定位

预制柱安装调节完毕后，需要进行复核和验收。验收通过后，方可进行柱底角钢焊接固定操作。

5）灌浆施工

灌浆作业应按严格按照产品要求计量灌浆料和水的用量进行配制，先放置 70%的浆料进行搅拌。1~2min 后，再将余料加入，搅拌至浆料彻底均匀，搅拌时间从开始加水到搅拌结束应不少于 5min；然后，静置 2~3min，待气泡自然排出；每次拌制的灌浆料拌合物应进行流动度检测，且其流动度应符合设计要求。搅拌后的灌浆料应在 30min 内使用完毕。

选取一对灌浆口、出浆口作为工作口，其余洞口采用橡胶塞封堵，并将上、下层柱之间的接缝用透明塑料板密封。通过螺杆式灌浆泵将灌浆料从工作灌浆口注入，待工作出浆口连续流出圆柱状浆液时，封堵这一对工作口。依次选取下一对灌浆口、出浆口作为工作口重复以上步骤，并保持灌浆套筒内压强，以确保灌浆套筒内灌浆料密实。直至所有钢套筒、透明封板中浆料饱满且浆料无气泡时停止灌浆，如图 4.3-11 所示。

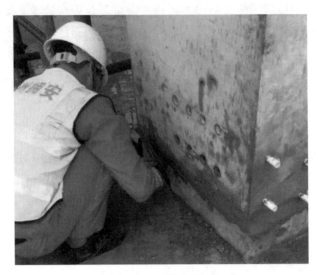

图 4.3-11   灌浆施工

6）预制柱节点插筋定位

绑扎梁柱节点钢筋后，采用特制定位钢板及经纬仪对柱预留插筋的位置进行定位调整，防止绑扎梁钢筋时扰动柱预留插筋而使柱筋偏位。应根据图纸对中心位置偏差超过 3mm 的钢筋进行位置校正，钢筋校正时应采用 1：6 冷弯校正，如图 4.3-12 所示。

图 4.3-12   柱节点钢筋定位

7）预制柱节点插筋二次定位

节点混凝土浇筑完成后，采用经纬仪将预制柱的各个截面控制线准确定位。再次利用定位钢板，对连接钢筋进行二次定位。确保连接钢筋位置准确及预制柱浆锚连接的质量。对个别位置偏差较大的钢筋，应凿去钢筋根部混凝土至有效高度后再进行冷弯校正，如图 4.3-13 所示。

1—定位钢板；2—预留插筋

图 4.3-13　定位钢板二次定位

4. 预制柱质量控制和验收

1）预制柱混凝土浇筑质量控制和验收

制定装配式结构施工专项施工方案。施工专项方案应结合柱吊装与支撑体系等进行制定，并考虑装配式结构施工的特点。

对进场的预制柱须进行全数质量验收，验收合格后方可吊装。

（1）主控项目：检查柱质量文件、标识；插筋和预留孔洞的规格、位置和数量等。

（2）一般项目：检查预制柱外观质量、尺寸允许偏差等。

2）预制柱安装质量控制和验收

对预制柱的安装与连接进行质量验收，主要的内容分为主控项目和一般项目。

（1）主控项目：预制柱垂直度偏差不应大于柱高度的 1/500 且构件顶部偏移不大于 5mm。柱连接应全数检查，灌浆应饱满、密实，满足《福建省预制装配式混凝土结构技术规程》DBJ/T 13—257 的要求。后浇混凝土外观质量不应有严重缺陷，不应有影响结构性能的尺寸偏差，检查数量和检验方法按现行国家标准《混凝土结构工程施工质量验收规范》GB 50204 的相关规定。

（2）一般项目：预制柱安装的尺寸偏差应符合《福建省预制装配式混凝土结构技术规程》DBJ/T 13—257—2017 表 5.2.3 的规定，应抽查柱数量的 10% 且不少于 3 件。后浇混凝土外观质量不应有一般缺陷、后浇混凝土拆模后的位置和尺寸偏差应符合现行国家标准《混凝土结构工程施工质量验收规范》GB 50204 的相关规定。

第 5 章

城市轨道交通车站装配式施工质量
检查与验收

5.1　国内装配式结构施工质量检验与验收基本规定

5.1.1　国内装配式结构施工质量检验与验收规范

目前，国内尚未有专门针对装配式轨道交通车站的施工质量检验与验收标准。因此，可以先借鉴国内已有的装配式建筑的相关标准中的要求，国内当前主要的装配式建筑施工质量及检验相关标准主要有国家规范、行业规范和地方标准等，可参考的规定汇总如表 5.1-1 所示。

国内当前主要的装配式建筑施工质量及检验相关标准　　表 5.1-1

标准类别	标准名称	标准编号	主要执行内容
国家标准	《建筑工程施工质量验收统一标准》	GB 50300	单位工程、分部工程、分项工和检验批的划分和质量验收
	《装配式混凝土建筑技术标准》	GB/T 51231	装配式混凝土建筑施工安装和质量验收
	《混凝土结构工程施工质量验收规范》	GB 50204	混凝土结构工程施工质量验收
	《混凝土强度检验评定标准》	GB/T 50107	装配式结构采用后浇混凝土强度检验评定
	《水泥基灌浆材料应用技术规范》	GB/T 50448	装配式构件钢筋浆锚搭接接头用灌浆料性能检查
行业标准	《装配式混凝土结构技术规程》	JGJ 1	装配式混凝土结构施工及验收
	《预制预应力混凝土装配整体式框架结构技术规程》	JGJ 224	预制预应力混凝土装配整体式框架结构的设计、施工及验收
	《钢筋焊接及验收规程》	JGJ 18	装配式构件钢筋采用焊接连接时检查验收
	《钢筋机械连接技术规程》	JGJ 107	装配式构件钢筋采用机械连接时检查验收
	《钢筋连接用灌浆套筒》	JG/T 398	装配式构件采用钢筋套筒灌浆连接接头及灌浆料检查与验收
	《钢筋连接用套筒灌浆料》	JG/T 408	
地方标准	《装配式结构工程施工质量验收规程》（江苏省地方标准）	DGJ32/J 184	江苏省装配式结构工程施工质量检查与验收
	《预制预应力混凝土装配整体式结构技术规程》（江苏省地方标准）	DGJ32/TJ 199	江苏省预制预应力混凝土装配体系检查与验收
	《装配整体式混凝土框架结构技术规程》（江苏省地方标准）	DGJ32/T 219	江苏省装配混凝土框架结构体系检查与验收
	《装配式混凝土结构工程施工与质量验收规程》（北京市地方标准）	DB11/T 1030	北京市装配式混凝土结构工程施工与质量验收

标准类别	标准名称	标准编号	主要执行内容
地方标准	《装配式混凝土结构工程施工质量验收标准》 （黑龙江省地方标准）	DB23/T 2505	黑龙江省装配式混凝土结构工程施工与质量验收
	《装配式混凝土结构工程施工质量验收规程》 （广州市地方标准）	DB4401/T 16	广州市装配式混凝土结构工程施工与质量验收
	《装配整体式混凝土结构施工及质量验收规范》 （上海市工程建设规范）	DGJ 08—2117	上海市装配整体式混凝土结构施工及质量验收
	《装配整体式混凝土结构工程施工及验收规程》 （安徽省地方标准）	DB34/T 5043	安徽省装配整体式混凝土结构施工及质量验收

5.1.2　施工质量检验与验收基本规定

施工单位作为工程施工质量控制的主体，应对工程全过程的施工质量进行全面和有效的管理与控制，比如在施工中严格执行"三检"制度，每道工序完成后必须经过班组自检、互检和交接检认定合格后，由专业质检员进行复查，并完善相应资料，报请监理工程师检查验收合格后，才能进行下一道工序施工。同时，所有构件进场前进行质量验收，合格后方可进行使用，套筒灌浆作业前构件安装质量报监理验收，验收合格后方可进行灌浆作业，并且对灌浆作业的整个过程进行监督并做好灌浆作业记录。商品混凝土浇筑前，先对商品混凝土随车资料进行检查；报请监理验收并签署混凝土浇筑令后，方可采取浇筑等具体的实施措施。

在施工单位自检基础上，建设单位（业主）、监理单位与勘察设计单位等各方应按有关规定的要求对施工阶段的工程质量按照检验批、分项工程进行控制。

车站工程施工质量检验检测工作取得的质量数据应真实、可靠，全面反映工程质量状况。所用方法与仪器设备应符合相关标准的规定，对车站的混凝土强度、厚度等情况，可优先采用成熟、可靠、先进的无损检测技术。

车站工程应按下列规定进行施工质量控制：

1）工程采用的主要材料、构配件和设备，施工单位应对其外观、规格、型号和质量证明文件等进行验收，并经监理工程师检查认可；凡涉及结构安全和使用功能的，施工单位应进行检验，监理单位应按规定进行见证取样检测；

2）各工序应按施工技术标准进行质量控制，每道工序完成后，施工单位应进行检查并形成记录；

3）工序之间应进行交接检验，上道工序应满足下道工序的施工条件和技术要求；相关专业工序之间的交接检验应经监理工程师检查认可。未经检查或经检查不合格的，不得进行下道工序施工。

车站工程施工质量应按下列要求进行验收：

1）工程施工质量应符合本标准和相关专业验收标准的规定；

2）工程施工质量应符合工程勘察、设计文件的要求；

3）参加工程施工质量验收的各方人员应具备规定的资格；

4）工程施工质量的验收均应在施工单位自行检查评定合格的基础上按规定的程序进行；

5）隐蔽工程在隐蔽前应由施工单位在自检合格的基础上通知监理单位进行验收，验收内容及要求须符合《混凝土结构工程施工质量验收规范》GB 50204 的相关规定，并应形成验收文件；未经验收或验收不合格的项目不得进行隐蔽。

隐蔽工程验收应包括下列主要内容：

（1）混凝土粗糙面的质量，键槽的尺寸、数量、位置；

（2）钢筋的牌号、规格、数量、位置、间距，箍筋弯钩的弯折角度及平直段长度；

（3）钢筋的连接方式、接头位置、接头数量、接头面积百分率、搭接长度、锚固方式及锚固长度；

（4）预埋件、预留管线的规格、数量、位置；

（5）预制混凝土构件接缝处防水、防火等构造做法；

（6）保温及其节点施工；

（7）其他隐蔽项目。

6）涉及结构安全和使用功能的试块、试件以及有关主要设备、物资、材料，监理单位应按规定进行平行检验或见证取样检测；

7）检验批的质量应按主控项目和一般项目进行验收；

8）对涉及结构安全和使用功能的分部工程应进行抽样检测；

9）承担见证取样检测及有关结构安全检测的单位应具有相应的资质；

10）单位工程的观感质量应由专业验收人员通过现场检查共同确认，并形成评定记录。

混凝土结构子分部工程验收时，除应符合现行国家标准《混凝土结构工程施工质量验收规范》GB 50204 的有关规定提供文件和记录外，尚应提供下列文件和记录：

（1）工程设计文件、预制构件安装施工图和加工制作详图；

（2）预制构件、主要材料及配件的质量证明文件、进场验收记录、抽样复验报告；

（3）预制构件安装施工记录；

（4）钢筋套筒灌浆型式检验报告、工艺检验报告和施工检验记录，浆锚搭接连接的施工检验记录；

（5）后浇混凝土部位的隐蔽工程检查验收文件；

（6）后浇混凝土、灌浆料、坐浆材料强度检测报告；

（7）外墙防水施工质量检验记录；

（8）装配式结构分项工程质量验收文件；

（9）装配式工程的重大质量问题的处理方案和验收记录；

（10）装配式工程的其他文件和记录。

5.1.3　质量检验与验收程序

装配式建筑质量检验与验收工作，需要制定相应的程序与流程，以确保此工作的顺利进行。一般而言，质量检验与验收程序包括以下步骤：

1. 检查准备

检查准备包括明确检查目标、收集所需文件资料、配备必要的检测设备和工具等。确保检查工作可以有条不紊地开展。

2. 检查执行

检查执行是核心环节，主要是依据检查要求和程序，对相关内容进行检验。包括对原材料、构件、施工工艺、安全设施等方面的检查和测试。

3. 结果评定

结果评定是对检查结果进行评估和判定。根据相关标准和规范，对检查项进行合格与否的判定，并记录检查结果。

4. 缺陷整改

若在检查中发现质量问题，应及时通知相关责任人进行整改，确保问题得到解决整改后需要进行复查，确保整改达到质量要求。

5. 验收汇总

在质量检验与验收的最后，需要对所有的检查结果进行汇总，形成质量检验与验收报告，包括检验所涉及的具体内容、评价结果和整改情况等。

5.2　装配式结构施工质量管理要求

5.2.1　基本要求

1）应当采取有效措施，加强装配式混凝土结构的整体性。预制混凝土构件（以下简称预制构件）的尺寸和形状应满足制作、运输、堆放、安装及质量控制要求。

2）施工现场应当建立健全质量管理体系、施工质量控制和检验制度等，落实质量责任制，确保工程质量符合有关技术标准。

3）装配式混凝土结构安装顺序及连接方式，应保证施工过程结构构件具有足够的承载力和刚度，并应保证结构的整体稳定性。

5.2.2　建设单位的责任和义务

（1）建设单位应当按照国家和地方有关规定、合同约定督促建设工程各参与单位落实工程质量管理责任，负责建设工程各阶段质量工作的协调管理，建立装配式混凝土结构工程质量追溯管理体系，对工程质量负有重要责任。

（2）建设单位应当根据现行《全国建筑设计周期定额》《建筑安装工程工期定额》等规定和工程实际，确定设计、施工工期，将合理的工期安排作为招标文件的实质性要求和条件。直接发包的，应当在合同中约定有关内容。确需调整且具备技术可行性的，应提出保证工程质量和安全的技术措施和方案，经专家论证后方可实施。

（3）建设单位应当按照规定，将符合设计深度的施工图设计文件送施工图设计文件审查机构审查，设计深度不符合要求的，审查不予通过。涉及预制率、装配率，主体结构受力构件截面、配筋率，预制构件钢筋接头连接方式，隔墙板连接件、防水以及其他影响结构安全和重要使用功能等主要内容变更的，应经原施工图设计文件审查机构重新审查，审查合格后方可实施。

（4）建设单位应按照规定，组织设计单位对预制构件生产单位、施工单位和监理单位等进行设计交底。

（5）鼓励建设单位采用工程总承包等专业化项目管理模式，优先考虑具有装配式混凝土建筑设计、构件生产和施工一体化能力的企业参加项目建设；鼓励建设单位委托具有相关专业能力的企业开展装配式混凝土建筑全过程咨询工作。

（6）建设单位不得肢解发包工程、违规指定分包单位，不得对预制构件等涉及结构主体和承重结构的材料违规直接发包，不得指定按照合同约定应当由施工单位购入用于工程的预制构件或者指定其生产商、供应商。建设单位可以督促施工单位选取与工程要求相匹配的预制构件生产单位，对施工单位选定的预制构件生产单位的产品生产过程进行质量管理。

（7）建设单位应结合项目实际情况，编制装配式混凝土建筑工程质量管理方案并开展分析评估，重点评估项目全过程质量管理体系，工程实施策划、设计、工期，预制构件质量、施工质量管理等内容。

（8）建设单位应按照规定委托监理单位对预制构件进行驻厂（场）监造，督促监理单位对预制构件生产过程进行检查和监督，形成相关工作记录，并根据驻厂（场）监造的工作量增加相应的监理费用。

（9）建设单位应组织设计、施工、监理、预制构件生产单位进行设计交底、首件生产验收和首段安装验收，应对同类型主要受力构件和异形构件的首个构件进行验收，并按照规定留存相应的验收资料，验收合格后方可进行批量生产。重要构件应选择具有代表性的单元进行试安装，试安装过程和方法应当经参加验收单位和验收人员共同确认。首件生产验收表和首段安装验收表可参考图 5.2-1、图 5.2-2。

首件生产验收表

编　号：

＿＿＿＿＿＿＿＿＿＿＿＿＿＿＿＿＿＿＿＿工程（楼号）预制混凝土构件首件生产已完成，生产方案、质保资料、首件生产工艺总结等已完备，自评合格，请予验收。（符合要求请打√） 　　　附件：企业生产经营相关资料　　　　　　　　　　　□ 　　　　　　砂、石、水泥、钢筋原材料及配件进厂及复验资料　□ 　　　　　　生产方案、技术质量交底及相关管理资料　　　　□ 　　　　　　生产过程质量控制资料　　　　　　　　　　　　□ 　　　　　　首件生产工艺总结　　　　　　　　　　　　　　□ 　　　　　　其他＿＿＿＿＿＿＿＿＿＿＿＿＿＿＿＿＿＿＿　□ 　　　　　　　　　　　　　　　　　单位技术负责人： 　　　　　　　　　　　　　　　　　预制构件生产单位（章）： 　　　　　　　　　　　　　　　　　　　　　　　　年　　月　　日
施工单位意见： 　　　　　　　　　　　　　　　　　项目经理： 　　　　　　　　　　　　　　　　　施工单位（章）： 　　　　　　　　　　　　　　　　　　　　　　　　年　　月　　日
设计单位意见： 　　　　　　　　　　　　　　　　　设计项目负责人： 　　　　　　　　　　　　　　　　　设计单位（章）： 　　　　　　　　　　　　　　　　　　　　　　　　年　　月　　日
监理单位意见： 　　　　　　　　　　　　　　　　　总监理工程师： 　　　　　　　　　　　　　　　　　监理单位（章）： 　　　　　　　　　　　　　　　　　　　　　　　　年　　月　　日
建设单位意见：（打√） 　　　　　　□不同意通过验收 　　　　　　□同意通过验收，可按方案生产 　　　　　　　　　　　　　　　　　项目负责人： 　　　　　　　　　　　　　　　　　建设单位（章）： 　　　　　　　　　　　　　　　　　　　　　　　　年　　月　　日

本表一式五份，建设单位、设计单位、预制构件生产单位、施工单位、监理单位各一份。

图 5.2-1　首件生产验收表

首段安装验收表

编　号：

_____ 工程 （楼号）首段安装已完成，施工资料、施
工方案、首段安装施工总结等已完备，自评合格，请予验收。（符合要求请打 √）

附件：现场人员、工况符合要求　　　　　　□
材料构配件及设备进场报审资料　　　□
施工方案及相关管理资料　　　　　　□
首段安装施工总结　　　　　　　　　□
其他_____　　　　　　　　　□

项目经理：
施工单位（章）：
年　　月　　日

设计单位意见：

设计项目负责人：
设计单位（章）：
年　　月　　日

预制构件生产单位意见：

单位技术负责人：
生产单位（章）：
年　　月　　日

监理单位意见：

总监理工程师：
监理单位（章）：
年　　月　　日

建设单位意见：（打 √）
□不同意通过验收
□同意通过验收，可按方案施工
项目负责人：
建设单位（章）：
年　　月　　日

本表一式五份，建设单位、设计单位、预制构件生产单位、施工单位、监理单位各一份。

图 5.2-2　首段安装验收表

5.2.3　设计单位的责任和义务

1）设计单位应当严格按照国家和地方有关法律法规、现行工程建设强制性标准进行设
计，对设计质量负责。

2）设计单位应当遵循少规格、多组合的原则，开展车站的平面、立面、构件和部品部
件、接口标准化设计，统筹建筑结构、机电设备、部品部件、装配施工、装饰装修。鼓励

通过建筑信息模型技术（BIM）等手段实现多专业一体化正向设计，避免二次拆分。

3）设计单位不得将装配式混凝土结构工程施工图设计内容违法分包，施工图设计文件应满足现行《建筑工程设计文件编制深度规定》和地方装配式混凝土建筑工程设计文件编制相关规定等要求。

装配式混凝土建筑工程结构专业设计图纸包括结构施工图和预制构件制作详图。

结构施工图除应满足计算和构造要求外，其设计内容和深度还应满足预制构件制作详图编制及安装施工的要求。

预制构件制作详图深化设计，应包括预制构件制作、运输、存储、吊装和安装定位、连接施工等阶段的复核计算和预设连接件、预埋件、临时固定支撑等的设计要求。该详图可以由主体施工图设计单位设计，也可以由具备相应资质的单位设计，并由该单位的注册结构工程师签字，加盖其执业专用章和单位出图章或技术章。

装配式混凝土建筑结构施工图设计单位还应对预制构件制作详图进行盖章会签，确保其荷载、连接及对主体结构的影响符合主体结构设计的要求。

4）设计文件应明确以下内容：不同部位防水的设计工作年限，防水构造要求，防水材料耐久性，密封胶打胶厚度、宽度等指标要求；车站同层灌浆与隔层灌浆的关键控制点、时间节点和施工要求。

5）设计单位应编制装配式地铁车站项目常见质量问题防治专篇，重点对预制构件与现浇混凝土结构接缝处可能产生的开裂、渗漏提出相应措施。同时，应对工程本体可能存在的重大风险控制进行专项设计，对涉及工程质量和安全的重点部位与环节进行标注。

6）设计单位应对工程本体可能存在的重大风险控制进行专项设计，对涉及工程质量和安全的重点部位及环节进行标注，在图纸结构设计说明中明确预制构件种类、制作和安装施工说明，包括预制构件种类、常用代码和构件编号说明，对材料、质量检验、运输、堆放、存储和安装施工要求等。

7）设计单位应参加建设单位组织的设计交底，向有关单位说明设计意图，解释设计文件。交底内容包括：预制构件质量及验收要求、预制构件钢筋接头连接方式，预制构件制作、运输、安装阶段强度和裂缝验算要求，质量控制措施等。

8）设计单位应当按照合同约定和设计文件中明确的节点、事项和内容，提供现场指导服务，解决施工过程中出现的与设计有关的问题。当预制构件在制作、运输和安装过程中，其工况与原设计不符时，设计单位应根据实际工况进行复核验算。

5.2.4　预制构件生产单位的责任和义务

1）预制构件生产单位应当按照有关规定，对其营业执照、试验室情况等有关信息以及其生产的预制构件产品进行备案。预制构件生产单位应当对其生产的产品质量负责。

2）预制构件生产单位应具备相应的生产工艺设施，并具有完善的质量管理体系和必要的试验检测手段，按照有关规定和技术标准，对主要原材料及与预制构件配套的钢筋连接用灌浆套筒、保温材料、门窗等进行质量检测。

预制构件生产单位自行实施建筑材料、构配件、工程实体质量等检测的，其试验室条件、检测人员、检测资质等应符合国家和当地有关规定。

3）预制构件生产单位应根据有关标准和施工图设计文件等，编制预制构件生产方案，包括生产工艺、模具方案、生产计划、技术质量控制措施、成品保护、堆放、运输方案及预制构件生产清单等，预制构件生产方案应经预制构件生产单位技术负责人审批。

预制构件生产单位应按照有关标准配置技术负责人、质量管理人员、一线技能岗位工人等。预制构件生产单位应配备具有工程类高级及以上职称技术负责人，并配备不少于 8 名具有工程类专业大专及以上的质量管理人员。从事预制构件质量检验、资料管理、模具拼装、钢筋绑扎、混凝土浇筑、成品修补的人员应当经培训合格后上岗。

4）预制构件生产单位应建立预制构件"生产首件验收"制度。以项目为单位，对同类型主要受力构件和异形构件的首个构件，由预制构件生产单位技术负责人组织有关人员验收，并按照规定留存相应的验收资料；验收合格后，方可批量生产。

5）预制构件生产单位应加强制作过程质量控制。混凝土浇筑前，应按照规定进行预制构件的隐蔽工程验收，形成隐蔽验收记录，并留存相应影像资料。预制构件采用钢筋套筒灌浆连接时，应在构件生产前进行钢筋套筒灌浆连接接头的抗拉强度试验。每种规格连接接头试件的数量不应少于 3 个。

6）预制构件生产单位应建立健全预制构件质量追溯制度。预制构件应具有生产单位名称、制作日期、品种、规格、编号（可采用条形码、芯片等形式）、合格标识、工程名称等信息的出厂标识，出厂标识应设置在便于现场识别的部位。预制构件应按品种、规格分区分类存放，并按照规定设置标牌。

7）预制构件交付时，预制构件生产单位应当按照规定提供相应的产品质量证明文件，包括：主要原材料质量证明书、复验报告；隐蔽工程验收资料；预制构件质量保证书（出厂合格证）等构件质量证明文件，外省市预制构件，还需提供预制构件质量监督报告；以及其他必要的构件质量验收资料。

8）预制构件生产单位应建立和应用信息化管理平台，包括对预制构件生产加工场地全覆盖的视频监控系统和预制构件产品质量管理系统，其数据标准及接口等应满足建设行政管理部门信息化的监督管理要求。

预制构件产品质量管理系统应包含以下内容：设计文件，原材料、部品部件等采购信息，原材料及部品部件、隐蔽工程和构件出厂相关质量验收信息，管理和生产人员信息等。应形成具有唯一性标识且包含以上内容的"预制混凝土构件生产质量一码通"数字质保书，实现预制构件设计、生产、运输、进场等过程的质量追溯。

5.2.5　施工单位的责任和义务

1）施工单位应建立健全质量管理体系、施工质量控制和检验制度等，落实质量责任制。必须按照工程设计图纸和施工技术标准施工，不得擅自修改工程设计，不得偷工减料，应对建设工程的施工质量负责。

2）施工前，施工单位应编制施工组织设计、施工方案。施工组织设计的内容应符合现行国家标准《建筑工程施工组织设计规范》GB/T 50502 的规定；施工方案的内容应符合现行标准《装配整体式混凝土结构施工及质量验收规范》DGJ 08—2117 的规定。

3）施工单位应建立健全工程质量追溯制度，健全台账管理，加强预制构件进场验收，按照规定对预制构件的标识、外观质量、尺寸偏差、粗糙度及预埋件数量、位置等进行检查、记录，并将预制构件质量证明文件等按照规定归档。

4）施工单位应按设计要求和现行国家标准《混凝土工程施工质量验收规范》GB 50204 的有关规定，对预制构件进行结构性能检验。专业企业生产的梁板类简支受弯预制构件或者设计要求进行结构性能检验的，进场时应按照规范要求进行结构性能检验。

对进场时可不做结构性能检验的预制构件，无驻厂监督的，预制构件进场时应按照规定，对其主要受力钢筋数量、规格、间距、保护层厚度及混凝土强度等进行实体检验。

5）采用钢筋灌浆套筒连接的，施工单位应编制套筒灌浆连接专项施工方案，加强钢筋灌浆套筒连接接头的质量控制，并重点做好以下工作：

（1）灌浆套筒进厂（场）时，应按照规范要求，抽取灌浆套筒检验其外观质量、标识和尺寸偏差，检验结果应符合有关规定。

（2）钢筋套筒灌浆连接的施工及验收应符合现行《钢筋套筒灌浆连接应用技术规程》JGJ 355 和其他有关标准的规定，灌浆施工应按照关键施工工序进行质量控制。

（3）施工单位应当对灌浆施工的操作人员组织开展职业技能培训和考核，取得合格证书后，方可进行灌浆作业。

（4）灌浆施工前，应按照规定对进场钢筋进行接头工艺检验；施工过程中，当更换钢筋生产企业，或同生产企业生产的钢筋外形尺寸与已完成工艺检验的钢筋有较大差异时，应再次进行工艺检验。

（5）钢筋套筒灌浆前，应在现场模拟构件连接接头的灌浆方式。每种规格钢筋应制作不少于 3 个套筒灌浆连接接头，进行灌注质量以及接头抗拉强度的检验；经检验合格后，方可进行灌浆作业。

（6）现场使用的产品应与钢筋灌浆套筒连接型式检验报告中的接头类型，灌浆套筒规格、级别和尺寸，灌浆料型号一致。

（7）预制构件钢筋连接用灌浆料，其品种、规格、性能等应符合现行标准和设计要求。

灌浆料应按规定进行备案，现场见证取样，送具有相应资质的质量检测单位进行检测。

（8）灌浆施工时，环境温度应符合灌浆料产品使用说明书要求；环境温度低于 5℃时不宜施工，低于 0℃时不得施工；当环境温度高于 30℃时，应采取降低灌浆料拌合物温度的措施。

（9）灌浆操作全过程应有专职检验人员负责旁站监督并及时形成施工质量检查记录；实际灌入量应符合规范和设计要求，并做好施工记录，灌浆施工过程应按照规定留存影像资料。

（10）工程实体的钢筋灌浆套筒连接质量检测，应符合有关技术标准、规范等的规定。

6）施工单位应按照有关规定编制装配式混凝土结构防水专项施工方案，并经监理机构审批后方可实施。应加强预制外墙板拼缝处、预制外墙板与现浇墙体相交处等细部防水的施工质量控制。

外墙板接缝防水施工应按设计要求填塞背衬材料，密封材料嵌填应饱满、密实、均匀、顺直、表面平滑，其厚度符合设计要求。对有渗漏部位应及时修复，不得留有渗漏的质量缺陷。

7）未经设计允许，严禁擅自对预制构件进行切割、开洞。预制构件安装过程的临时支撑和拉结应具有足够的承载力与刚度。构件连接部位后浇混凝土及灌浆料的强度达到设计要求后，方可拆除临时固定措施。

8）施工单位应建立健全施工信息化管理制度。稳步推进"预制混凝土构件安装质量一码通"在施工中的应用工作，其内容包括预制构件进场验收、安装、灌浆、检测、管理和施工人员等信息。采用影像等信息化手段，加强对套筒灌浆工序全覆盖的质量监管。施工信息化系统数据标准及接口等应满足建设行政管理部门信息化监督管理要求，与"预制混凝土构件生产质量一码通"信息有效衔接，实现预制构件生产、施工质量的全过程可追溯。

5.2.6　监理单位的责任和义务

1）工程监理单位应依照法律、法规以及有关技术标准、设计文件和建设工程承包合同，代表建设单位对施工质量实施监理，并对施工质量承担监理责任。

2）项目监理机构应按照相关规定编制监理规划，明确装配式车站施工中采用旁站、巡视、平行检验等方式实施监理的具体范围和事项，并根据装配式车站结构工程体系、构件类型、施工工艺等特点，编制构件施工监理实施细则。

3）项目监理机构应在工程开工前，审核施工单位报送的施工组织设计文件、专项施工方案。审核意见经总监理工程师签署后，报建设单位。

4）项目监理机构应当对进入施工现场的建筑材料、预制构（配）件等进行核验，并提出审核意见。未经审核的，不得在工程上使用或安装。

5）项目监理机构应对施工单位报送的检验批、分部工程、分项工程的验收资料进行审查，并提出验收意见。分部工程、分项工程未经项目监理机构验收合格，施工单位不得进入下一工序施工。应加强旁站及巡视等工作，加强预制构件吊装、灌浆套筒连接等工序的监理力度，留存相应的验收记录和影像资料。

6）项目监理机构应当委托具有相应资质的单位实施平行检测，重点加强灌浆料、灌浆饱满性、密封胶等检测，检测比例应当符合国家和本市有关规定。

5.3　装配式混凝土结构工程质量安全监督检查要点

5.3.1　质量监督检查要点

1）施工前

（1）检查装配式建筑工程技术方案和装配率指标是否完成专家评审、审核认定工作。

（2）检查施工单位是否编制完成专项施工方案，重点检查施工方案内容是否规范、审批签字盖章手续是否齐全。

（3）检查关键岗位作业人员（包括灌浆工、构件装配工等）是否进行专项培训，是否经考核合格后上岗作业。

（4）检查装配式建筑工程样板房是否在首个单体工程首层装配式结构施工前制作完成，各责任单位是否进行实体验收并形成书面验收意见。

（5）检查项目是否开展驻厂监造工作，重点检查驻厂监造机构的人员配置、实施范围、实施程序、措施和方法等是否满足驻厂监造实施方案的要求。

（6）检查监理单位是否组织预制构件进场验收，重点检查验收程序、验收内容（质量证明文件、构件表观质量、驻厂监造记录等）是否规范。

（7）检查预制构件是否有运输与存放方案（应包括运输时间、线路、次序、堆放场地、支垫、成品固定和保护措施，超宽、超高、异形复杂构件的专门措施等内容）。

（8）检查装配式混凝土结构工程相关设计说明、构件拆分图、连接节点详图、构造大样图等施工图是否完整，设计深度是否满足要求。

2）施工中

（1）检查钢筋套筒、灌浆料、保温连接件、密封胶等材料、合格证和复试报告是否符合要求。

（2）检查预制构件是否有出厂标识、二维码，外观是否存在裂缝、破损等质量缺陷，预留孔、预留洞、预埋件、预留插筋、键槽的位置以及粗糙面的面积、凹凸深度是否满足设计和规范要求。

（3）检查装配式混凝土结构首层（转换层）及以上的轴线、标高、出筋规格和长度、出筋位置和间距、套筒注浆饱满度、构件衔接平整度、构件安装垂直度、构件非套筒连接可靠度等是否满足设计和规范要求。当单体施工至装配式混凝土结构首层以上时，检查首层是否验收。

（4）钢筋采用套筒灌浆连接、浆锚搭接连接时，检查钢筋套筒灌浆连接接头是否按检验批划分要求及时灌浆，灌浆前是否对各连通灌浆区域进行封堵，灌浆时所有出口是否均出浆，灌浆操作全过程是否有专职检验人员负责现场监督并及时形成施工检查记录（隐蔽记录和影像资料）。

（5）检查后浇混凝土的钢筋规格和安装是否满足设计和规范要求，混凝土浇筑和养护是否满足施工方案要求，构件连接部位后浇混凝土及灌浆料的强度达到设计要求前是否拆除临时固定措施。

（6）检查预制构件连接接缝防水材料及构造做法是否满足设计及规范要求。

3）验收时

混凝土结构分部工程验收前，应检查装配式混凝土结构子分部工程验收是否满足《装配整体式混凝土结构工程施工及验收规程》DB34/T 5043—2016 第 10 章的要求。

5.3.2　安全监督检查要点

1. 施工前

1）检查是否编制完成安全专项方案（包括平面布置、吊装施工安全、外围护体系、垂直运输设备、人员管理等）与应急预案，超规模危大工程是否组织专家进行论证。

2）施工专用操作平台、高处邻边作业防护设施等涉及尚无规范依据的新技术、新工艺、新材料和新设备，检查是否编制专项施工方案，是否组织专家进行系统论证。

3）检查施工现场的平面布置是否能满足各类构件装卸、堆放、运输、吊装安全要求，现场是否设置构件专用堆场，是否划定吊装区域。

2. 施工中

1）检查构件堆放时是否采取防止构件侧移或倾倒的固定措施。构件起吊半径内是否有交叉作业。

2）检查外围护设施、吊装及垂直运输设备等安全设施设备是否经验收合格后使用。

3）检查施工单位是否对预制构件吊装作业人员、装配工人及相关人员进行安全教育培训和安全技术交底。特种作业人员是否持证上岗。

4）检查装配式混凝土结构工程施工是否有可靠的临边防护，使用外围护设施并设置水平防护层。

5）安全防护采用整体提升脚手架时，检查是否由具有相应资质等级的专业队伍施工，整体提升脚手架是否与结构有可靠的连接体系。

6）检查预制墙板安装时是否设置临时斜撑和底部限位装置，预制梁安装时临时支撑是否满足施工方案要求，预制楼板安装时支撑架体是否满足施工方案要求，预制楼梯安装时临时支撑是否满足施工方案要求。

5.4　装配式结构工程质量检验与验收项目

由于目前国内尚无针对装配式结构体工程的质量检验与验收国家标准，因此装配式结构工程施工仍应满足现行《建筑工程施工质量验收统一标准》GB 50300 的相关规定进行单位工程、分部工程、分项工程与检验批的划分和验收。

1. 单位工程的划分原则

1）具备独立施工条件并能形成独立使用功能的建筑物或构筑物为一个单位工程；

2）对于规模较大的单位工程，可将其能形成独立使用功能的部分划分为一个子单位工程。

2. 分部工程的划分原则

1）可按专业性质、工程部位确定；

2）当分部工程较大或较复杂时，可按材料种类、施工特点、施工程序、专业系统及类别等，将分部工程划分为若干子分部工程。

3. 分项工程的划分

分项工程可按主要工种、材料、施工工艺、设备类别等进行划分。

4. 检验批的划分

检验批可根据施工、质量控制和专业验收的需要，按工程量、分层、施工段、变形缝等进行划分。

1）施工前，应由施工单位制定分项工程和检验批的划分方案，并由监理单位审核。

2）《装配式结构分项工程检验批质量验收记录》可根据所在工程布局划分为多个检查、评定和验收批次，多层的分项工程可按地下层或施工段来划分检验批，单层的分项工程可按变形缝等划分检验批；基坑的分项工程一般划分为一个检验批；其他分部工程中的分项工程，一般按结构层划分检验批；对于工程量较少的分项工程，可划为一个检验批。设备安装工程一般按一个设计系统或设备组别划分为一个检验批。无特殊情况要求时，安装工程检验批的划分以土建工程检验批的划分为准，不应再单独划分检验批。

5.4.1　装配式构件安装质量检验与验收项目

装配式混凝土结构安装分为主控项目和一般项目，进行质量检查与验收。

1. 装配式混凝土结构安装主控项目质量检查与验收

1）装配式构件安装施工前，应针对所有的构件对照图纸对构件进行核对，确保构件的品种、规格和尺寸符合设计的要求，同时通过观察，确保在构件的明显部位标明工程名称、生产单位、构件型号、生产日期和质量验收内容的标准等消息。

2）当构件为叠合构件时，应对其叠合层、接头和拼缝进行检查。每层均要做一组混凝土试件或砂浆试件，并对同条件养护的混凝土强度试验报告或砂浆强度试验报告进行检查。

当现浇混凝土或砂浆强度未达到吊装混凝土强度设计要求时，不得吊装上一层结构构件；当设计无具体要求时，混凝土或砂浆强度不得小于 10MPa 或具有足够的支承方可吊装上一层结构构件；已经安装完毕的装配式结构应在混凝土或砂浆强度达到设计要求后，方可承受全部设计荷载。

3）进行叠合板的铺设时，通过观察，抽查 10% 的叠合板，确保板底应坐浆且标高一致，叠合构件的表面粗糙度应符合设计要求。当粗糙面设计无具体要求时，可采用拉毛或凿毛等方法制作粗糙面。粗糙面凹凸深度不应小于 4mm，且清洁、无杂物。

4）当装配式结构中采用预制叠合墙时，应在每流水段预制墙抽样不少于 10 个点，且不少于 10 个构件，利用钢尺和拉线等辅助量具实测，确保预埋件的位置准确。板外的连接筋顺直、无浮浆，竖直空腔内应逐层浇灌混凝土。混凝土应浇灌至该层板底以下 300～450mm，并满足插筋的锚固长度要求。剩余部分应在插筋布置好之后，与叠合板现浇部分混凝土浇筑成整体。

2. 装配式混凝土结构安装一般项目质量检查与验收

当进行装配式混凝土结构安装施工时，每检验批应做 1 组强度试块，并检查试件强度试验报告和砂浆的强度评定记录，应确保构件底部坐浆的水泥砂浆强度符合设计要求。当无设计要求时，砂浆强度应高于构件混凝土强度一个等级。

3. 预制构件安装尺寸允许偏差及检验方法（表 5.4-1）

预制构件安装尺寸允许偏差及检验方法　　　　　　　　　　　表 5.4-1

项目		允许偏差（mm）	检验方法
墙、柱等竖向构件	标高	±5	经纬仪测量
	中心位移	5	
	倾斜	$l/500$	
梁、板等水平构件	中心位移	5	钢尺量测
	标高	±5	
	叠合板搁置长度	≥0，≤ +15	

注：1. l 为构件长度（mm）;
　　2. 检查数量：同类型构件，抽查 5% 且不少于 3 件。

5.4.2　钢筋套筒灌浆和钢筋浆锚连接质量检验与验收项目

传统钢筋的连接方式有绑扎搭接、焊接连接、机械连接等，这些连接方式应用非常广泛，但却不适用于装配式混凝土钢筋的连接。为了适应工业化建造的发展需求，人们研究出了两种新型钢筋连接方式：套筒灌浆连接和浆锚搭接连接。

（一）灌浆套筒连接

下面，对钢筋套筒灌浆连接进行介绍。

钢筋套筒灌浆连接的原理是将预制构件断开的钢筋通过特制的中空型钢套筒，钢筋从两端开口穿入套筒内部，不需要搭接或融接，钢筋与套筒内腔之间填充无收缩、高强度灌浆料进行对接连接，形成钢筋套筒灌浆连接。其连接的机理主要是借助砂浆受到套筒的围束作用，加上本身具有微膨胀特性，借此增强与钢筋、套筒内侧间的正向作用力，钢筋即借由该正向力与粗糙表面产生的摩擦力，来传递钢筋应力。

套筒作为钢筋连接器，最早于 20 世纪 60 年代后期由 Alfred A.Yee 发明，首次用该技术在美国檀香山的阿拉莫阿纳酒店 38 层框架结构建筑中连接预制混凝土柱。随后，经过几十年的发展，不断改良，研发出了日益成熟的套筒产品，在发展过程中逐渐形成了全灌浆套筒与半灌浆套筒两种主要产品形式。该技术在工业化建造领域中已经成为一项成熟的钢筋连接技术，见图 5.4-1。

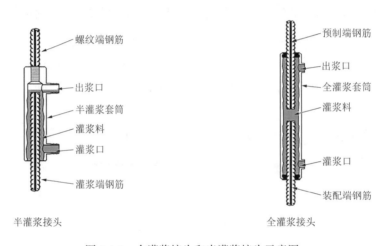

图 5.4-1　全灌浆接头和半灌浆接头示意图

灌浆套筒按加工方式，可分为铸造灌浆套筒和机械加工灌浆套筒，见图 5.4-2。

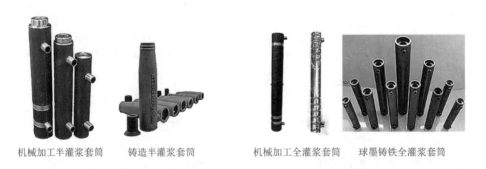

图 5.4-2　铸造灌浆套筒和机械加工灌浆套筒示意图

全灌浆连接具有以下优点：

首先，全灌浆连接两端均为灌浆锚固，受力合理；其次，同时生产制作构件过程无须钢筋车丝加工，节省了加工环节；同时，套筒加工工艺和材料多样，有利于降低成本。

全灌浆连接具有以下缺点：

①套筒和灌浆料材料用量的材料成本高；

②PC 构件端的套筒采用胶塞封堵，造成套筒的偏位较大。

半灌浆连接具有以下优点：

①节省套筒和灌浆材料；

②PC 钢筋带套筒入模，施工定位套筒方便。

半灌浆连接具有以下缺点：

①套筒螺纹连接端的钢筋经过车丝加工后有一定损伤；

②螺纹连接端的施工质量不易保证。

预制工厂灌浆套筒连接安装生产工艺流程如图 5.4-3 所示。

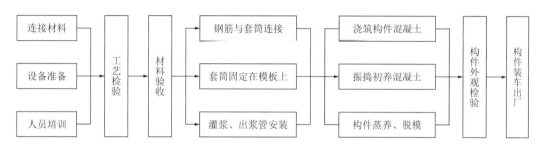

图 5.4-3　预制工厂灌浆套筒连接安装生产工艺图

施工现场灌浆施工的工艺流程如图 5.4-4 所示。

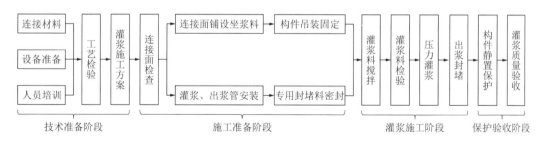

图 5.4-4　灌浆施工的工艺流程图

灌浆施工操作工艺及质量要求如下。

1. 工厂钢筋与套筒的连接

1）材料进场

灌浆套筒根据构件生产计划提前进厂，分类码放。注意留出合理的检验验收时间。

2）设备准备

①钢筋切断机、钢筋螺纹加工机等切断机：

宜采用砂轮锯锯切钢筋端头如使用剪切机,机器模具和间隙应调整满足钢筋切断要求,切断面应平齐，且垂直于钢筋轴线：钢筋端部横肋、基圆饱满，不得有明显损伤。

②螺纹滚丝机：

钢筋螺纹加工应选择与灌浆套筒螺纹参数配套的设备。灌浆连接直螺纹套筒螺纹参数主要按剥肋滚压直螺纹工艺确定。为此，确定钢筋剥肋滚丝机作为钢筋丝头加工设备。加工范围应满足套筒连接螺纹的规格需要；加工的钢筋丝头螺距、牙型角度、加工精度应满足套筒连接螺纹规定的参数和精度要求。常用牙型角：60°和75°；常用螺距：2.0mm、2.5mm、3.0mm、3.5mm。

③辅助台架：

设备就位后，配套辅助台架应满足生产加工要求。

3）人员培训

包括：钢筋螺纹加工设备操作工人，套筒与钢筋连接作业工人及其他人员，如钢筋下料工人、构件模具组装钢筋和套筒人员，套筒进出浆管安装人员，质量监督人员。

培训要点如下：

①本工序操作工艺规范、质量要求；②实际操作；③质量检验记录；④工序质量监督；⑤加工钢筋丝头和制作连接接头的作业人员必须经考试合格，核发上岗证后才可上岗操作。

4）材料进厂验收

一般应在构件生产前对不同钢筋生产企业的进场钢筋进行接头工艺检验，每种规格钢筋应制作3个对中套筒灌浆连接接头。工艺检验应模拟施工条件制作接头试件，并按接头提供单位提供的施工操作要求进行。每个接头试件的抗拉强度和3个接头试件残余变形的平均值应符合《钢筋套筒灌浆连接应用技术规程》JGJ 355的相关规定。第一次工艺检验中1个试件抗拉强度或3个试件的残余变形平均值不合格时，可再取相同工艺参数的3个试件进行复检；复检仍不合格，判为工艺检验不合格。工艺检验合格后，钢筋与套筒连接加工工艺参数应按确认的参数执行。

施工过程中，如更换钢筋生产企业或钢筋外形尺寸与已完成工艺检验的钢筋有较大差异时，应补充工艺检验。

进场时，应进行套筒材料验收资质检验。套筒生产厂家应出具套筒出厂合格证、材质证明书、型式检验报告等；并针对同一批号、同一类型、同一规格的灌浆套筒，采用观察、尺量检查的方式检查套筒外观以及尺寸。其中，不超过1000个为一批，每批随机抽取10个灌浆套筒，同时每1000个同批灌浆套筒抽取3个，采用与施工相同的灌浆料，模拟施工条件，制作接头抗拉试件进行抗拉强度检验。

5）钢筋与套筒连接（安装）

全灌浆套筒，在预制工厂与套筒不连接，只需要安装到位；半灌浆套筒，需要与套筒一端连接，并达到规定质量要求。

钢筋下料全灌浆套筒连接钢筋长度应按下式计算：

钢筋长度 L = 带套筒的钢筋总长度 L_0 − 套筒长度 H + 套筒内钢筋长度 H_1

带套筒的钢筋总长度L_0为构件配筋设计的总长度。

半灌浆套筒连接钢筋长度应按下式计算：

钢筋长度L = 带套筒的钢筋总长度L_0 − 套筒长度H + 套筒螺纹长度H_1

带套筒的钢筋总长度L_0为构件配筋设计的总长度。H_2为叠合层厚度 + 灌浆连通腔厚度；H_3为上端钢筋连接长度。钢筋与上部套筒灌浆连接时，H_3应为其套筒要求的钢筋锚固长度。见图 5.4-5。

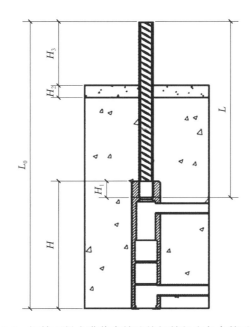

图 5.4-5　钢筋下料全灌浆套筒连接钢筋长度各参数示意图

6）质量控制

首先，要做好原材料控制。对于机械加工套筒，对原材料做好进厂检验。在原材料产品合格证验收合格后，检查材料外表面不得有裂纹、折叠、严重锈蚀及影响性能的其他缺陷，并按同钢号、同规格、同炉（批）号的材料为一个验收批，每批随机抽取 2 个试样，按《金属材料 拉伸试验 第 1 部分：室温试验方法》GB/T 228.1 的要求制作拉伸试件，进行机械性能复验，检验结果合格后方可加工生产灌浆套筒。

在全灌浆套筒接头预埋连接钢筋安装时，全灌浆套筒接头用钢筋可以直接插入灌浆套筒预制端。当灌浆套筒固定在构件模具上后，钢筋应插入到套筒内规定的深度，然后固定。

半灌浆套筒连接钢筋的直螺纹丝头加工时，丝头参数应满足厂家提供的作业指导书规定要求，首先采用螺纹环规检查钢筋丝头螺纹直径，环规通端丝头应能顺利旋入，止端丝头旋入量不能超过 3P（P为丝头螺距）；然后，使用直尺检查丝头长度；再目测丝头牙型，不完整牙累计不得超过 2 圈。操作者 100%自检，合格的报验，不合格的切掉重新加工。见图 5.4-6，并用表 5.4-2 做记录。

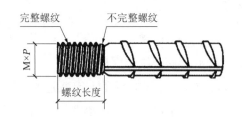

图 5.4-6　灌浆接头连接钢筋丝头的质量检验

钢筋丝头加工质量记录表　　　　　　　表 5.4-2

编号：

工程名称		钢筋规格		批号	
应用构件		批内数量		抽检数量	
加工日期		生产班次			

检验结果									
序号	丝头螺纹检验		丝头外观检验		序号	丝头螺纹检验		丝头外观检验	
	通规	止规	螺纹长度	牙型饱满度		通规	止规	螺纹长度	牙型饱满度

7）钢筋丝头与半灌浆套筒的连接用管钳或呆扳手拧钢筋，将钢筋丝头与套筒螺纹拧紧连接。用力矩扳手检验拧紧扭矩，见表 5.4-3。

钢筋与套筒直螺纹连接拧紧扭矩　　　　　　　表 5.4-3

钢筋直径（mm）	≤16	18～20	22～25	28～32
拧紧扭矩（N·m）	100	200	260	320

拧紧后钢筋在套筒外露的丝扣长度应大于 0 扣，且不超过 1 扣。质检抽检比例 10%，按表 5.4-4 做记录。连接好的钢筋分类应整齐码放。

钢筋螺纹连接质量记录表　　　　　　　表 5.4-4

工程名称		钢筋规格		批号	
应用构件		批内数量		抽检数量	
加工日期		生产班次			

检验结果					
序号	拧紧力矩值	外露螺纹长度	序号	拧紧力矩值	外露螺纹长度

8）灌浆套筒固定

在模板上将连接钢筋按构件设计布筋要求进行布置，绑扎成钢筋笼，灌浆套筒安装或连接在钢筋上。钢筋笼吊放在预制构件平台上的模板内，将套筒外侧一端靠紧预制构件模板，用套筒专用固定件进行固定（固定精度非常重要）。

橡胶垫应小于灌浆套筒内径，且能承受蒸养和混凝土发热后的高温，反复压缩使用后能恢复原外径尺寸。套筒固定后，检查套筒端面与模板之间有无缝隙，保证套筒与模板端面垂直。

9）灌浆管、出浆管安装

将灌浆管、出浆管插在套筒灌排浆接头上，并插入到要求的深度。灌浆管、出浆管的另一端引到预制构件混凝土表面。可用专用密封（橡胶）堵头或胶带封堵好端口，以防浇筑构件时管内进浆。连接管要绑扎固定，防止浇筑混凝土时移位或脱落。见图 5.4-7。

图 5.4-7　各种构件灌浆管出浆管的安装与密封措施

10）构件外观检验

检查灌浆套筒位置是否符合设计要求：方法为肉眼观察、钢尺测量等。套筒及外露钢筋中心位置偏差+2mm，0mm；外露钢筋伸出长度偏差+10mm，0mm。检查套筒内腔及进出浆管路有无泥浆和杂物侵入；进出浆管的数量和位置符合要求。半灌浆套筒可用光照肉眼观察（暗部）和直接肉眼观察，直管采用钢棒探查；软管弯曲管路用液体冲灌以出水状况和压力判断，全灌浆套筒需用专用检具。有问题及时处理。

2. 预制构件进场套筒灌浆质量检验

1）材料进厂

套筒灌浆料应有产品出厂合格证，注明生产日期和有效期，包装完好、无破损。

2）设备准备

灌浆泵、搅拌机，电子秤、温度计、量杯、流动度截锥试模、灌浆料抗压试块三联试模等。

3）人员培训

包括：灌浆料检验试验员，灌浆施工工人，灌浆腔密封作业工人，质量监督人员。培训要点包括：

（1）操作工艺规范、质量要求；

（2）相关设备实际操作；

（3）模拟施工条件制作工艺检验接头和试块；

（4）质量检验及记录。

4）工艺检验

同本章第1节中接头工艺检验的内容。

5）材料验收

（1）套筒灌浆料型式检验报告应符合《钢筋连接用套筒灌浆料》JG/T 408的要求，同时应符合预制构件内灌浆套筒的接头型式检验报告中灌浆料的强度要求。灌浆施工前，提前将灌浆料送指定检测机构进行复验。

（2）灌浆料进场检验重点对灌浆料拌合物（按比例加水制成的浆料）30min 流动度、3d 抗压强度、28d 抗压强度、3h 竖向膨胀率、24h 与 3h 竖向膨胀率差值进行检验。检验结果应符合《钢筋连接用套筒灌浆料》JG/T 408的有关规定。

检查数量：同一批号的灌浆料，检验批量不应大于 50t。

检验方法：每批按《钢筋连接用套筒灌浆料》JG/T 408的有关规定，随机抽取灌浆料制作试件并进行检验。

质量控制要点：

（1）产品有效期，适用温度；

（2）30min 流动度，最大可操作时间，允许作业最低流动度；

（3）加水率（水灰比）及控制精度要求；

（4）对本构件灌浆套筒、灌浆管路条件的适应性；

（5）对拌合、灌浆设备的要求。

6）构件专项检验

主要检查灌浆套筒内腔和灌浆、出浆管路是否通畅，保证后续灌浆作业的顺利。检查要点包括：

（1）用气泵或钢棒检测灌浆套筒内有无异物，管路是否通畅；

（2）确定各个进浆、出浆管孔与各个灌浆套筒的对应关系；

（3）了解构件连接面的实际情况和构造，为制定施工方案做准备；

（4）确认构件另一端面伸出连接钢筋长度符合设计要求；

（5）对发现问题的构件提前进行修理，达到可用状态。

3. 套筒施工质量检验要求

1) 检验项目

(1) 抗压强度检验灌浆施工中，需要检验灌浆料的 28d 抗压强度并应符合《钢筋连接用套筒灌浆料》JG/T 408 的有关规定。用于检验抗压强度的灌浆料试件应在施工现场制作、试验室条件下标准养护。检查数量：每工作班取样不得少于 1 次，每楼层取样不得少于 3 次。每次抽取 1 组 40mm × 40mm × 160mm 的试件，标准养护 28d 后进行抗压强度试验。

(2) 灌浆料充盈度检验灌浆料凝固后，对灌浆接头 100% 进行外观检查。检查项目包括灌浆、排浆孔口内灌浆料充满状态。取下灌排浆孔封堵胶塞，检查孔内凝固的灌浆料上表面应高于排浆孔下缘 5mm 以上。

(3) 灌浆接头抗拉强度检验如果在构件厂检验灌浆套筒抗拉强度时，采用的灌浆料与现场所用　样，试件制作也是模拟施工条件，那么该项试验就不需要再做；否则，就要重做。做法如下：

① 检查数量：同一批号、同一类型、同一规格的灌浆套筒，检验批量不应大于 1000 个，每批随机抽取 3 个灌浆套筒制作对中接头。

② 检验方法：有资质的试验室进行拉伸试验。

③ 检验结果应符合《钢筋机械连接技术规程》JGJ 107 中对 Ⅰ 级接头抗拉强度的更求。

(4) 施工过程检验采用套筒灌浆连接时，应检查套筒中连接钢筋的位置和长度满足设计要求，套筒和灌浆材料应采用经同一厂家认证的配套产品，套筒灌浆施工尚应符合以下规定：

① 灌浆前应制订套筒灌浆操作的专项质量保证措施，被连接钢筋偏离套筒中心线偏移不超过 5mm，灌浆操作全过程应有人员旁站监督施工；

② 灌浆料应由经培训合格的专业人员按配置要求计量灌浆材料和水的用量，经搅拌均匀后测定其流动度，满足设计要求后方可灌注；

③ 浆料应在制备后半小时内用完，灌浆作业应采取压浆法从下口灌注；当浆料从上口流出时应及时封堵，持压 30s 后再封堵下口；

④ 冬期施工时，环境温度应在 5℃ 以上，并应对连接处采取加热保温措施，保证浆料在 48h 凝结硬化过程中连接部位温度不低于 10℃。

2) 灌浆连接施工全过程检查项目汇总 (表 5.4-5)

灌浆连接施工全过程检查项目汇总表　　　　　　　　　　　表 5.4-5

序号	检测项目	要求
1	灌浆料	确保灌浆料在有效期内，且无受潮结块现象
2	钢筋长度	确保钢筋伸出长度满足相关表中规定的最小锚固长度要求

续表

序号	检测项目	要求
3	套筒内部	确保套筒内部无松散杂质及水
4	灌排浆嘴	确保灌浆通道顺畅
5	拌合用水	确保拌合用水干净，符合《混凝土用水标准》JGJ 63，且满足灌浆料的用水量要求
6	搅拌时间	不少于 5min
7	搅拌温度	确保在灌浆料的使用温度范围为 5~40℃
8	灌浆时间	不超过 45min
9	流动度	确保灌浆料流动扩展直径在 300~380mm 的范围内
10	灌浆情况	确保所有套筒均充满灌浆料，从灌浆孔灌入、排浆孔流出
11	灌浆后	确保所有灌浆套筒及灌浆区域填满灌浆料，并填写灌浆记录表

（二）钢筋浆锚连接

将从预制构件表面外伸一定长度的不连续钢筋插入所连接的预制构件对应位置的预留孔道内，钢筋与孔道内壁之间填充无收缩的高强度灌浆料，形成钢筋浆锚连接。目前，国内普遍采用的连接构造包括约束浆锚连接和金属波纹管浆锚连接。

在预制构件中有螺旋箍筋约束的孔道中进行搭接的技术，称为钢筋约束浆锚搭接连接。见图 5.4-8。

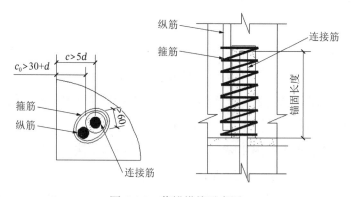

图 5.4-8　浆锚搭接示意图

墙板主要受力钢筋采用插入一定长度的钢套筒或预留金属波纹管孔洞，灌入高性能灌浆料形成的钢筋搭接连接接头，称为金属波纹管浆锚连接。

约束浆锚连接是埋置螺旋的箍筋内模，构件达到强度后旋出内模；

金属波纹管浆锚连接是预埋金属波纹管做内模，完成后不抽出。

两种连接方式对比而言，采用螺旋箍筋内膜旋出时容易造成孔壁损坏，也比较费工，因此金属波纹管方式可靠、简单。见图 5.4-9。

螺旋箍筋浆锚搭接

波纹管浆锚搭接

图 5.4-9　两种浆锚连接方式示意图

这种搭接技术在欧洲有多年的应用历史，也被称为间接搭接或间接锚固。我国已有多家单位对间接搭接技术进行了一定数量的研究工作，如哈尔滨工业大学、黑龙江宇辉新型建筑材料有限公司等对这种技术进行了大量试验研究，也取得了许多成果。

浆锚搭接连接的技术特点为：

1）机械性能稳定；

2）采用配套灌浆材料，可手动灌浆和机械灌浆；

3）加水搅拌具有大流动度、早强、高强微膨胀性，填充于带肋钢筋间隙内，形成钢筋灌浆连接接头；

4）更适合竖向钢筋连接，包括剪力墙、框架柱、挂板灯的连接。

浆锚搭接连接技术的关键在于孔洞的成型技术、灌浆料的质量以及对被搭接钢筋形成约束的方法等各个方面。

目前，我国的孔洞成型技术种类较多，尚无统一的论证，因此《装配式混凝土结构技术规程》JGJ 1 要求纵向钢筋采用浆锚搭接连接时，对预留孔成孔工艺、孔道形状和长度、构造要求、灌浆料和被连接钢筋，应进行力学性能及适用性的试验验证。

下列情况下不宜采用浆锚搭接连接：

1）直径大于 20mm 的钢筋不宜采用浆锚搭接连接。

2）直接承受动力载荷构件的纵向钢筋不应采用浆锚搭接连接。

3）超过 3 层时，不宜使用浆锚搭接连接。

4）在多层框架结构中，《装配式混凝土结构技术规程》JGJ 1 不推荐采用浆锚搭接方式。

钢筋浆锚连接的施工工艺如下：

1. 浆锚搭接连接施工前的准备工作

在进行浆锚搭接连接施工前，我们需要做好以下准备工作：

1）工具和材料准备：浆锚、锚具、钢筋、钢筋剪、钢丝刷、钳子、扳手、螺丝刀等；

2）现场检查：检查连接部位的钢筋是否符合设计图纸要求，是否存在裂缝或损坏等情况；

3）施工方案设计：根据设计图纸和现场实际情况，确定施工方案和连接方式；

4）施工现场保护：在施工现场设置防护措施，避免对周围环境造成污染和影响。

2. 浆锚搭接连接的具体步骤

第一步：在连接点附近减少钢筋纵向间距，一般减小1～2根钢筋；

第二步：将锚具和钢筋剪组装成一个锚具单元，并将锚具单元放置在连接点上方，注意间距应符合设计要求，用钢丝刷清除锚具表面的灰尘和杂物；

第三步：将钢锚和钢筋剪组成一个钢筋锚单元，并将其放置在锚具单元的下方，两个单元间距一定要保持一致，以钳子或扳手拧紧螺栓，在两个单元之间形成压紧状态；

第四步：将钢筋从锚具单元中穿过，然后从钢筋锚单元中穿过，长度应符合设计要求，用螺钉旋具将锚具与钢筋固定；

第五步：在锚具单元和钢筋锚单元之间加注灌浆料，确保灌浆料填满整个连接部位，并保持一定的浇灌密度；最后，用钳子在连接处将钢筋定位。

3. 施工后的注意事项

1）施工后应及时对现场进行清理和整理，并进行安全检查；

2）确保连接部位的灌浆料充分凝固和硬化，不应进行负荷试验；

3）应按照设计要求对连接部位进行检查，确保连接部位的质量标准；

4）施工后应及时填写施工记录，并进行档案管理。

4. 浆锚连接的施工质量检验要点

1）灌浆操作全过程应有专职检验人员负责旁站监督并及时形成施工质量检查记录；实际灌入量应当符合规范和设计要求，并做好施工记录，灌浆施工过程应按照规定留存影像资料。

2）采用浆锚连接时，钢筋的数量和长度除应符合设计要求外，尚应符合下列规定：

（1）注浆预留孔道长度应大于构件预留的锚固钢筋长度；

（2）预留孔宜选用镀锌螺旋管，管的内径应大于钢筋直径15mm；

（3）通过观察、尺量等手段进行上述检查，抽查数量不低于10%。

3）通过观察、尺量的方式，对所有的浆锚连接的预留孔的规格、位置、数量和深度进行检查。上述参数应符合设计要求，连接钢筋偏离套筒或孔洞中心线不应超过5mm。

第 6 章

施工安全

随着科学技术的不断发展，装配式结构作为一种现代化的建造方式，以其模块化、标准化和绿色化的特点应用逐渐广泛。然而，与传统施工相比，装配式建筑在施工过程中，由于其预制构件的种类的多样性，对安装工人、现场施工作业人员的技术性要求更高，因此也存在一些不同于现浇混凝土结构的独特的安全风险。因此，在进行装配式建筑施工时，必须采取有效的安全措施来保障工人和施工过程的安全。

6.1　施工安全基本要求

装配式轨道交通车站的施工应严格执行国家、行业、地方和企业的安全生产法规和规章制度，认真落实各级各类人员的安全生产责任制。装配式轨道交通项目的各参与单位应建立健全安全生产责任体系，明确各职能部门、管理人员安全生产责任，建立相应的安全生产管理制度。

建设单位应根据装配式建筑施工特点，选择市场信誉好、施工能力强、管理水平高、工程施工安全有保障的施工队伍承接项目施工，同时配足安全生产文明施工措施费用。

建设单位应做好设计、施工总承包、装配式专业施工、监理、构件生产等参建各方在工作配合上的协调工作，并根据装配式建筑施工特点对施工现场组织定期检查。

设计单位应会同施工单位充分考虑构件吊点、塔式起重机和施工机械附墙预埋件、脚手架拉结等施工安全因素，提出施工过程中确保安全生产的措施。在施工图设计文件中应严格执行装配式建筑设计文件编制要求及深度规定，对可能存在的重大安全风险应做出提示。

施工单位应依据国家现行相关标准规范，由项目技术负责人组织相关专业技术人员，结合工程实际，编制装配式混凝土结构安全专项施工方案，并通过本单位施工技术、安全、质量等部门的专业技术人员会审。装配式混凝土结构安全专项施工方案应包括以下内容：

1）工程概况：装配式构件的设计总体布置情况，具体明确预制构件的安装区域、标高、高度、截面尺寸、跨度情况等，施工场地环境条件和技术保证条件。

2）编制说明及依据：相关法律、法规、规范性文件、标准、规范及图纸（国标图集）、施工组织设计等。

3）施工计划：施工进度计划、材料与设备计划等。

4）施工工艺技术：构件运输方式、堆放场地的地基处理、主要吊装设备和机具、吊装流程和方法、专用吊耳设计及构造、安装连接节点构造设置及施工工艺、材料的力学性能指标、临时支撑系统的设计和搭设要求、外脚手架防护系统、检查和验收要求等。

5）施工安全保证措施：项目管理人员组织机构、构件安装安全技术措施、装配式混凝土结构在未形成完整体系之前构件及临时支撑系统稳定性的监控措施、施工应急救援预案等。

6）劳动力计划：包括专职安全生产管理人员、特种作业人员的配置等。

7）计算书及相关图纸：

（1）验算项目及计算内容

包括：设备及吊具的吊装能力验算、临时支撑系统强度、刚度和稳定性验算、支撑层承载力验算、模板支撑系统验算、外脚手架安全防护系统设计验算等。

（2）附图

包括：安装流程图、主要类型构件的安装连接节点构造图、各类吊点构造详图、临时支撑系统设计图、外防护脚手架系统图、模板支撑系统图、吊装设备及构件临时堆放场地布置图等。

施工单位应组织专家对装配式混凝土结构安全专项施工方案进行技术论证，专家组成员应当由 5 名及以上包含结构设计、起重吊装、施工等相关专业的专家组成。本项目参建各方的人员不得以专家身份参加专家论证会。

论证会应由下列人员参加：

1）专家组成员；

2）建设单位项目负责人或技术负责人；

3）监理单位项目总监理工程师及相关人员；

4）施工单位分管安全的负责人、技术负责人、项目负责人、项目技术负责人、专项方案编制人员、项目专职安全管理人员；

5）结构设计单位项目技术负责人及相关人员。

专家论证的主要内容包括：

1）方案是否符合配装式混凝土结构深化设计图的相关要求；

2）方案是否依据施工现场的实际施工条件编制，方案是否完整、可行；

3）方案计算书、验算依据是否符合有关标准规范；

4）安全施工的基本条件是否符合现场实际情况。施工单位应根据专家组的论证报告，对专项施工方案进行修改完善，并经施工单位技术负责人、项目总监理工程师、建设单位项目负责人批准签字后，方可组织实施。

装配式混凝土结构施工前，应将其安全专项施工方案、专家论证报告以及建设、施工、监理等参建各方审核批准文件，报当地安监站登记备查。

6.2　吊装施工安全

1. 起重吊装作业的特征

1）由司机、指挥、绑挂人员等多人配合协同作业；同时，在其作业范围内，还包含其他设备及作业人员，作业场所的限制也比较多，危险性较大。

2）起重机械通常都具有外形庞大的结构和比较复杂的机构。一般都能够进行起升、运行、变幅、回转等多种动作。此外，起重机构的零部件较多，如吊钩、钢丝绳等，且经常与作业人员直接接触，起重机司机准确操纵有相对高的难度。

3）起重机外形尺寸较大，自身质量较大，对场地及基础要求较高。

4）吊装物件的质量较大，部分物件重心的确定较复杂。

5）需要在较大的范围内运行，活动空间较大。

6）起重吊装是一项需要配合的作业。很多吊装作业需要多人或多机配合，协调配合难度较大，危险性较高。

因此，在装配式轨道交通车站的构件吊装过程中，应注意吊装施工的安全。

2. 构件吊装施工时应满足的基本要求

1）起重机械使用单位的使用管理应符合《特种设备使用管理规则》的规定。

2）使用单位应根据用途、使用频率、载荷状态和工作环境，选择适应使用条件要求的起重机械，并且对起重机械的选型负责。

3）使用单位应进行危险源辨识和风险评估，制定危险源分级管控表和隐患排查项目清单，建立隐患排查制度，做好日常隐患排查记录，建立隐患排查治理档案。

4）使用单位对安装起重机械的基础（含轨道）的质量和安全负责。

5）不可拆分吊具纳入整机进行管理，可拆分吊具由使用单位负责管理；使用单位应对可拆分吊具和索具建立安全管理制度，对其进行日常检查、排查、检验、维护保养，必要时进行安全评估，确保其安全使用，并且对其安全使用负责，应按照国家标准规定对吊装机具进行日检、月检和年检。对检查中发现问题的吊装机具，应进行检修处理，并保存检修档案，检查应符合《起重机械安全规程》GB 6067。

6）使用单位应当加强作业区域的管理，配备安全防护装备，设置安全警示标志。

7）当起重机械作业可能与其他作业活动发生干涉，存在交叉作业、盲区等情况的，使用单位应当采取有效措施，确保作业安全。

8）对流动作业的起重机械，更换使用地后，不涉及重新安装的，使用单位应向使用所在地的特种设备安全监督管理部门告知，告知应采用简易方式，如通过信息化手段报告设备名称、型号、参数、使用地点等有关信息；同时，使用单位应将告知情况报告设备产权单位所在地的特种设备安全监督管理部门。

9）对流动作业的起重机械，更换使用地后，涉及重新安装的，使用单位应向使用所在地的特种设备安全监督管理部门进行安装告知，安装告知按照规定程序进行；同时，使用单位应当将安装告知情况报告设备产权单位所在地的特种设备安全监督管理部门。

10）对流动作业的起重机械，更换使用地后，如果产权单位未发生变化，不得要求使用单位重新办理使用登记，保证产权单位使用登记的唯一性和信息化数据的准确性。

11）使用单位对起重机械拆卸活动安全负责。

12）塔式起重机的爬升（顶升）和附着作业，以及施工升降机的加节（顶升）和附着作业由使用单位对其安全负责。

13）起重机械严禁以任何方式吊载人员，人货两用的施工升降机和人车共乘的机械式停车设备除外。

14）使用单位应当结合起重机械的类别（品种）和使用情况，根据相关安全技术规范、标准等要求，制定具体的操作规程并严格执行，做好相应记录。

15）吊装作业人员（指挥人员、起重工等）应持有有效的《特种作业人员操作证》，方可从事吊装作业指挥和操作，严格禁止非起重机驾驶人员驾驶、操作起重设备；同时，吊装作业人员必须穿防滑鞋、戴安全帽，高处作业应佩挂安全带，并应系挂可靠，高挂低用。

16）吊装质量大于等于 40t 的重物和土建工程主体结构，应编制吊装作业方案。吊装物体虽不足 40t，但形状复杂、刚度小、长径比大、精密贵重，以及在作业条件特殊的情况下，也应编制吊装作业方案、施工安全措施和应急救援预案。

17）吊装作业方案、施工安全措施和应急救援预案经作业主管部门和相关管理部门审查，报主管安全负责人批准后方可实施。

18）利用两台或多台起重机械吊运同一重物时，升降、运行应保持同步；各台起重机械所承受的载荷不得超过各自额定起重能力的 80%。

19）吊装作业开始前，必须对起重机械进行全面运行部位和安全装置的详细检查，包括但不限于吊具、索具、钢丝绳、缆风绳、链条、吊钩等关键部件。同时，严格按照规范要求进行试吊，确认吊装设备工作正常且符合安全负荷要求后方可正式作业。

20）无论吊装物的质量大小，都应当建立完善的吊装作业计划，明确施工安全措施并制定应急预案。作业过程中要严格执行风险评估程序，做好每一次吊装作业的风险辨识、评价和控制工作，确保每一步骤都有据可查、有章可循。

21）起重设备通行的道路应平整，承载力应满足设备通行要求。吊装作业区周围应设置明显的警示标识，安全警戒标志应符合《安全标志使用导则》GB 16179 的规定，严禁非操作人员入内。夜间不宜作业。当确需夜间作业时，必须有足够的照明。

22）实施吊装作业单位的有关人员应在施工现场核实天气情况。室外作业遇到大雪、暴雨、大雾及 6 级以上大风时，不应安排或进行吊装工作。

23）严禁利用管道、管架、电杆、机电设备等作吊装锚点。未经有关部门审查核算，不得将建筑物、构筑物作为锚点。

24）操作人员必须与起重工、指挥人员密切配合。开机者必须得到指挥信号后，鸣铃示意，须严格遵照指挥信号（哨声、旗号或手势）操作机械。如发现指挥信号不清或错误，会引起事故时，有权拒绝执行，并采取措施防止事故发生。对其他人员发出的危险信号，开机者也应注意和听从，以免发生事故。

25）严禁起吊超负荷或质量不明重物和埋置物体；不得捆挂、起吊不明质量，与其他重物相连、埋在地下或与其他物体冻结在一起的重物。

26）重物捆绑、紧固、吊挂不牢，吊挂不平衡而可能滑动，或斜拉重物棱角吊物与钢丝绳之间没有衬垫时，不得进行起吊。

27）不准用吊钩直接缠绕重物，不得将不同种类或不同规格的索具混在一起使用。

28）吊物捆绑应牢靠，吊点和吊物的中心应在同一垂直线上。

29）无法看清场地、无法看清吊物情况和指挥信号时，不得进行起吊。

30）起重机械及其臂架、吊具、辅具、钢丝绳、缆风绳和吊物不得靠近高低压输电线路。在输电线路近旁作业时，应按规定保持足够的安全距离。不能满足时，应停电后再进行起重作业。

31）停工和休息时，不得将吊物、吊笼、吊具和吊索吊在空中。

32）在起重机械工作时，不得对起重机械进行检查和维修；在有载荷的情况下，不得调整起升变幅机构的制动器。

33）下方吊物时，严禁自由下落（溜）；不得利用极限位置限制器停车。

34）起吊构件时应绑扎平稳和牢固，并在构件的棱角处加垫橡皮等衬物，以保护构件和工索具等。

35）吊落构件到位时应填实、稳妥，防止歪斜倾倒。

36）雨雪天气工作时，为防止制动器受潮失效，应先经试吊。证明制动器可靠后，方可操作。

37）运行中如遇紧急险情时，应立即拉离紧急开关停车。在降落重物过程中，制动器突然失灵时，可将重物稍微上升，随即降落；再稍微上升，再降落；这样多次反复，就能使重物安全落地。

38）起吊时，吊钩中心应垂直通过构件重心，构件离地面 20~50cm 时须停车检查：①起重机的稳定性；②制动器的可靠性；③构件的平稳性；④绑扎的牢固性。

39）起吊构件必须拉好溜绳（留缆），起落与左右旋转速度应均匀，动作要平稳，不准紧急制动。回转时未停稳前不得做反向动作，回转前应鸣号，并检查回转范围内有否障碍物。

40）开机者应注视吊钩情况，上升要防止上升到顶点，避免由于限位器失灵造成事故。在停工、休息或临时停电时，应将重物卸下，不得悬在空中。

41）必须经常检查钢丝绳接头和钢丝绳与卡子结合处的牢固情况，在运行中禁止用手触摸钢丝绳和滑轮，通过滑轮的钢丝绳不准有接头，以防事故。钢丝绳在卷筒上应排列整齐。将要放完时，应在卷筒上保留三圈以上，以防末端松脱。钢丝绳磨损或腐蚀，交叉绞丝不超过 10%，顺向绞丝不超过 5%，否则应更换。

42）工作时，必须防止碰触架空电线。臂杆、钢丝绳及构件应与架空线路保持一定的安全距离，并不得小于表 6.2-1 中所规定的距离。

输电线路的最小安全距离　　　　　　　　　　表 6.2-1

输电线路电压	垂直安全距离（m）	水平安全距离（m）
1kV 以下	1.5	1.5
1～35kV	3.0	3.0
60kV	4.0	4.0
154kV	5.0	5.0
220kV	6.0	6.0

43）起重机司机必须认真做到"十不吊"：

（1）超过额定负荷不吊；

（2）构件重量不明不吊；

（3）捆绑不牢固、不平稳不吊；

（4）埋在土中的物件不吊；

（5）不斜吊，不拖拉起吊；

（6）指挥信号不明或多人指挥不吊；

（7）六级以上风力和雷暴雨时不吊；

（8）没有足够照明或光线差不吊；

（9）在斜坡上或坑沿、堤岸边不吊；

（10）构件上站人或有活动物件不吊。

6.3　构件运输、进场、卸车与堆放施工安全要求

预制构件的运输安全需要考虑多重因素，从材料检查、固定设备、运输车辆、人员安全等方面综合考虑，确保预制构件在运输过程中的安全性。只有细心、严谨地考虑好运输前准备和运输过程中的小细节，才能在运输过程中避免危险和预防安全事故的发生。

在运输前应做好下列准备工作：

1）对材料进行检查，查看预制构件是否存在裂缝、磨损或其他损伤或缺陷，以确保运输过程中的安全。

2）确认预制构件的实际尺寸和重量，并评估运输车辆的装载能力。

3）根据预制构件的尺寸和重量以及运输线路的特点选择合适的运输车辆，重型、中型载货汽车，半挂车载物，高度从地面起不得超过 4m，载运集装箱的车辆不得超过 4.2m。构件竖放运输高度选用低平板车，可使构件上限高度低于限高高度。

4）为运输车辆和固定设备提供必要的保养和管理，以确保运输期间的安全。

在预制构件的运输过程中，固定设备是非常重要的。选择固定设备时，需要考虑预制

构件的形状、尺寸和重量，并根据实际需要选择固定设备。

1）束带和绳索。预制构件采用两道绳索绑牢，每道绳索的长度应设备好，能够充分固定预制构件，避免碰撞和掉落。

2）防滑垫。防滑垫可以在预制构件和运输车辆之间增加缓冲和摩擦力，从而防止预制构件在运输过程中滑动或移位。

3）支架和垫块。在手动装载和卸载预制构件时，需要使用支架和垫块，以保证预制构件不会受到过度的挤压或变形。

为了确保预制构件的运输安全，应选择稳定、结构强度足够、车辆载荷能力高、制动性好的运输车辆，主要注意以下几点：

1）选择合适的车型。根据运输需求选择适合预制构件的车型。在选用前，应考虑车辆的行驶里程和运输道路的状况，以确保安全运输。

2）防滑设备。为了避免在道路湿滑或结冰的情况下产生意外，运输车应配备防滑设备，如选择加装防滑链或使用雪地轮胎等。

3）制动系统。预制构件在运输过程中载荷较大，需要运输车辆具有优良制动系统，以确保预制构件在运输过程中的稳定运行。

在预制构件的运输过程中，要保障人员的安全。人员必须遵循相关安全规定和程序，通过密切配合来确保预制构件的运输安全。

1）人员的防护措施。预制构件的卸载和装载需要人员的参与，运输车辆的行驶过程中也需要人员的参与，所以人员要佩戴安全帽和其他安全防护设备，如手套、安全鞋等。

2）预警和指挥。运输过程中，人员必须密切协作，确保预制构件的运输安全。设立专门的信号标志，如手势指令、口哨、角笛等，以确保预警响应和指令的传递。

构件进场时，应满足以下安全要求：

1）施工现场应建立预制构件到货验收和报废管理制度，使用质量合格、符合设计要求的预制构件。

2）预制构件进场的安全检查、验收应包括下列内容：

（1）构件产品质量证明文件。

（2）预埋在构件内的吊点承力件质量证明文件。

（3）预制构件上喷涂的产品标识应清晰、耐久。标识内容应包括：生产厂标志、制作日期、品种、编码、检验状态等。

（4）吊点、施工设施设备附着点、临时支撑点的位置、数量应符合设计要求。

3）进场的运输车辆应按照指定的线路进行安全行驶，道路行进方向右侧或车行道上方宜设交通标志，行驶速度不应高于 20km/h。

4）进入施工现场内行驶的机动车辆，应按照指定的线路和速度安全行驶，严禁违章行驶、乱停乱放；司乘人员应做好自身的安全防护，遵守现场安全文明施工管理规定。

构件卸车时，应满足以下安全要求：

1）装配式混凝土建筑施工专项方案中应明确构件卸车作业安全要求。

2）构件卸车时充分考虑构件的卸车顺序，保证车体的平衡。构件卸车挂吊钩、就位摘取吊钩应设置专用登高工具及其他防护措施，严禁沿支承架或构件等攀爬。

3）预制构件卸车时应符合下列要求：

（1）应设专人指挥，操作人员应位于安全位置。

（2）卸车所用特种作业人员应持证上岗。

（3）应根据预制构件品种、规格、数量，采取对称卸料、临时支撑等保证车体平衡的措施，防止构件移动、倾倒、变形。

4）卸车作业前，应复核所使用机械的工作性能，起重机械和索具设备应处于安全操作状态，并应核实现场环境、天气、道路状况等是否满足吊运作业要求。

5）卸车作业区域四周应设置警戒标志，严禁非操作人员入内。

6）夜间卸车作业时，应保证足够的照明。

构件堆放应满足以下安全要求：

1）堆场在自然地面，构件堆放场地应平整、坚实，周围必须设排水沟。

2）预制构件应按品种、规格、型号、吊装顺序分类分区堆放，预埋吊件宜朝外、朝上，便于起吊挂钩，标识应向外。

3）相邻堆垛之间应有足够的作业空间和安全操作距离，通道宽度不宜小于 1.6m，宜有明显的安全通道线或围栏。通道两边不应有突出或锐边物品。

4）预制构件应按设计支承位置堆放稳定。对易损构件、不规则构件，应专门分析确定支承和加垫方法。

5）重叠堆放的构件应采用垫木或适当支撑物分隔，底部宜设托架。垫块支承点位置宜与吊装时的起吊位置一致，上下对齐。

6）预制构件的重叠堆放高度，应根据构件大小、自重计算确定。预制梁、柱不宜超过3 层；桁架预制板构件不宜超过 6 层，如图 6.3-1 所示。

图 6.3-1　叠合构件堆放示意图

7）预制内外端板、挂板宜采用插放架或靠放架放置，大尺寸预制端板需采用插放法或背靠法堆放，如图 6.3-2 所示。插放架和靠放架应经过设计计算确定，满足承载力、刚度和稳定性的要求。

图 6.3-2　构件插放或靠放放置

8）构件堆放作业时，为避免发生倾覆、坠落，操作人员应注意站位安全。